好情绪
是练出来的

纤颜 编著

应急管理出版社
·北 京·

图书在版编目（CIP）数据

好情绪是练出来的/纤颜编著．－－北京：应急管理出版社，2019

ISBN 978－7－5020－7742－6

Ⅰ.①好…　Ⅱ.①纤…　Ⅲ.①情绪—自我控制—通俗读物　Ⅳ.①B842.6－49

中国版本图书馆 CIP 数据核字(2019)第 252559 号

好情绪是练出来的

编　　著　纤　颜
责任编辑　高红勤
封面设计　刘　霄

出版发行　应急管理出版社（北京市朝阳区芍药居 35 号　100029）
电　　话　010－84657898（总编室）　010－84657880（读者服务部）
网　　址　www.cciph.com.cn
印　　刷　北京温林源印刷有限公司
经　　销　全国新华书店

开　　本　880mm×1230mm 1/32　**印张**　8 1/2　**字数**　150 千字
版　　次　2019 年 12 月第 1 版　2019 年 12 月第 1 次印刷
社内编号　20192875　　**定价**　35.00 元

前言

情绪是什么呢？说起来，似乎每个人都知道情绪是什么，但是真正要想解释清楚情绪的含义，却不是一件容易的事情。简单地说，情绪就是人们对客观事物所产生的一种内心感受。它包括：愤怒、忧郁、恐惧、抱怨、浮躁。

本书所讲的情绪是和我们的身体息息相关的负面情绪，如忧郁就是一种痛苦的情绪体验。如果这种负面情绪长时间地占据我们的内心，不能及时得到缓解，我们就感受不到快乐和爱，身体也会随之而产生各种各样的不适症状。

引起我们产生各种情绪的原因有很多，生活中的任何事情，大到宇宙万象，如人类无能为力的自然灾害；小到生活中微不足道的小事，比如别人一个轻视的眼神等，都有可能造成情绪的波动。当然了，短暂的情绪波动并不会对身体造成多大的伤害。就像往湖中投入一颗石子会引起水波的荡漾一样，过不了一会儿，湖面就平静下来。身体也是如此，短暂的情绪波动虽然会引起身体的变化，但是只要情绪稳定下来，身体自然也会恢复。我们要相信自己的身体有自愈的能力。

有人认为，自己的坏情绪都是由外在环境造成的，例如，别人的一句话或是一个行为。这类人整天怨天尤人，仿佛周围的一切人和事都在和自己作对。越抱怨，自己的情绪就会变得越糟糕，事情就变得如同自己所抱怨的那样，周围充满了不顺心的事情。西方谚语说："你只看到别人的眼里有刺，难道不知道自己的眼里有梁木吗?"我们不要只是批评别人，还要回头在自己的身上找原因。环境固然能够影响人的心情，但是最终决定心情的还是我们的心态。拥有良好心态的人，无论面对怎样的逆境，总能从中发现积极向上的事物。只有积极向上的事物才能促使我们积极进取，去争取美好和幸福的未来。

目录

Part 1
情绪管理：演好一个情绪稳定的成年人

成功的秘诀在于懂得怎样控制痛苦与快乐这股力量，而不被它所控制。如果你能做到这点，就能掌握自己的人生，反之，你的人生就无法掌握。

——安东尼 · 罗宾斯

Part 2
思维突破：远离消极情绪走出思维雷区

思维世界的发展，在某种意义上说，就是对惊奇的不断摆脱。

——爱因斯坦

Part 3
自我约束：管住情绪是深度的自律

如果你在小事没办法约束自己，你在大的事情也很可能不约束自己。

——巴菲特

Part 4
压力管理：扛住了压力就不焦虑

如果勇敢地正视困难，困难就会消失，这一直是我的人生哲学。

——艾萨克·阿西莫夫

Part 5
认知升级：真正的成长就是认知升级

各人有各人理想的乐园，有自己所乐于安享的世界，朝自己所乐于追求的方向去追求，就是你一生的道路，不必抱怨环境，也无须艳羡别人。

——罗兰

Part 6
心理自助：快速调动好情绪的方法论

快乐是一种奢侈。若要品尝它，绝不可缺的条件是心无不安。心若不安——即使稍受威胁，快乐就立刻烟消云散。

——司汤达

Part 7
完美精进：活成你想要的样子

人生是不公平的，习惯去接受它吧。请记住，永远都不要抱怨！

——比尔·盖茨

0

情绪管理：
演好一个情绪稳定的成年人

1

成功的秘诀就在于懂得怎样控制痛苦与快乐这股力量，而不被这股力量所控制。如果你能做到这点，就能掌握住自己的人生，反之，你的人生就无法掌握。

——安东尼 · 罗宾斯

情绪只是你的隐私

情绪可以和想象力一样，有自由调节发挥的功能，因为一切都在未知之中，我们可以用好的情绪来面对，也可以用坏的情绪来面对，我们可以选择看东边的风景，也可以选择看西面的风景等方法来解决情绪问题。

你发觉当你表现出愤怒的举止时，你就会有愤怒的感觉。你表现得越愤怒时，你就越感觉愤怒，而且这种感觉会持续得更长久一些。现代心理学大师威廉·詹姆斯博士曾说过：“一个人无法以意志来控制他的情绪。”但是你可以用你的意志来控制你的行为。同时，当你的行为表现出某种样子时，你的感觉就是那个样子。

换句话说，如果你希望感到快乐时，你就必须做出快乐的行为。希望感到有成就感时，你的行为就必须看起来很有成就的样子。人生就像是行为与反应的实验室，你的情绪正是印证你行为一种反应。

因此，如果你做出愤怒的行为时，你就会有愤怒的感觉。那种发泄愤怒的说法并不能使愤怒的感觉离开你。你发脾气，只会让别人看笑话，因为那样就像把自己赤裸裸地暴露在大庭广众之下。

如果你觉得发泄愤怒比你对友谊、爱情、信仰、信心以及对他人尊重的需求更重要的话，那么你就尽管发你的脾气好了。但是其后果通常是你非常不愿意看到的。

好情绪从来不靠忍

当你能控制自己的情绪时，你就是优雅的；当你能控制自己的心态时，你就是成功的。优雅不是训练出来的，而是一种阅历；淡然不是伪装出来的，而是一种沉淀。时间流逝，老去的只是容颜，而灵魂，却可以变得越来越动人。

不要一开始就生气，不要玩命似的跟人家比速度。放松情绪，早点出门，多花点时间没关系。不要让别人控制了你的情绪，沿着你自己的车道一路前进，听一听车上收音机的音乐，对那些愁眉苦脸的人笑一笑。

在生活中，每当你发脾气或在愤怒的情绪下工作时，你应该分析你愤怒的原因，然后避免使自己暴露于那些情况之下。

愤怒的情绪是你自己引发的，如果你放任自己在愤怒的情绪中，很可能会使对方更愤怒、生气。

“我们为什么要这样？”一位太太说。“我们发觉，彼此渐渐养成向对方发脾气的习惯。我们的婚姻生活充满责怪与仇恨，彼此都不能忘记前嫌。企图逃避不但无法使愤怒的情绪减少，反而更刺激了这种暴戾的气氛。所以我们开始想办法解决这个问题，而这也正是使事态好转的一个转折点。”保持温驯和顺的态度不对吗？我们并不十分鼓励如此。但是，这总比暴跳如雷、乱发脾气的态度要好得多。

安东尼·罗宾认为，并非环境使你生气，而是你对环境做出的一种愤怒的反应。并非别人激怒你，而是你对别人表现出生气的反应。如果使你生气的人权力比你大，你完全在他的权限掌握之下，你又觉得如何呢？使你对人产生愤怒情绪的最大原因，便是你认识的那个人正在对你做出可怕的事情。他们正威胁着你，对你无礼，忽视你的存在，或者正伤害到你脆弱的自尊。也许那正是你生气的原因，那是一种保护性的情绪，在气愤当中你变得更强壮、更野蛮、更有破坏力。也许这可以偶尔使一个胆小鬼鼓起勇气与恐龙搏斗，但通常这种行为没什么意义。

你该如何处理愤怒情绪呢？如果那是长年不断，随时会爆发的常态行为，那么你应该用理性的态度来面对它。让它发泄出来，或与对方讨论，找出原因，不要用偏激的方法来处理它。

如果你的愤怒情绪是不知不觉中产生的，如同大多数人的情况，那么你的处理方式就不一样了。你可以让这些情绪堆积起来，然后一次性把它发泄掉，就像让气球涨满后飞掉一样。

心情不好，哪来的好情绪

淡定，看淡一切，控制住自己不好的情绪。不好的情绪不能给自己带来任何帮助，反而会坏事!加油，你可以隐藏好自己的情绪的。

假设你是货车司机，早上开车离家，在你到达目的地前，你可能会碰到各种情况。如超车、乱按喇叭，在内线车道上挡你的路，或者紧跟着你的车尾不顾安全距离，还有来来往往的一些太大、太吵、太旧的车子。

在一天当中，驾驶可以说最常遇到令人愤怒的情况。

你如何处理心中的恨意以及挫折感呢？你可采取行

动，例如发怒。不要只是坐着生闷气。要主动还击，维护自己的权益，真正发泄出来。买一部旧的改装卡车，装上大的保险杆，再配上气动喇叭，然后在车子的前后都装上可以闪亮、显示车子行驶状况的霓虹灯。

从此以后，你就可以在公路上趾高气扬、如入无人之境，别的车子惹你时，你也可以用你那喇叭给他们一个下马威。

你也可以在那些紧跟着你的车尾的车子前，来个急刹车，让他们狠狠地撞在你的车屁股上，而你却毫发无损。给他们一点小小的教训，不好吗？当然，你的保险费会比较高些，但是你的烦躁情绪会得到舒解。如果你的生活整天如此发泄愤怒情绪，不需要多久，你一定会感觉生活一团忙乱，甚至会因此丧生。

别那么多想不开与看不惯

假如有人影响到了自己的情绪，我们的重点应该放在控制自己的情绪上，而不是影响你情绪的人身上，这样才能自信起来。

安东尼·罗宾认为：你愤怒、你愤恨，只是因为你已习惯，你已学会了用它们来表达你的不满，来表明你的要求，希望达到你的目的。

根据一般人的说法，愤怒是一种必须让它宣泄的情绪。然而，发泄愤怒本身并不合乎自然的法则，愤怒不能使人过得更好，暴怒、发脾气对任何人的生活都没有积极的意义。

你并非天生就会愤怒，而是经由学习而得。因为你曾经偶然生气，结果让你遂了心愿。

儿童时期你会哭，如果没有引起注意，你的哭声就会更大。如果仍然没有效果，你就会勃然大怒——踢东西、大哭大闹，甚至用头去撞任何东西。

这一招通常都很有效，别人会满足你的要求。你通过发脾气以求达到目的，而你也的确能引起别人的注意。别人满足了你的要求，而你也觉得愉快。

现在你长大了，你是否仍然用愤怒来驱使别人满足你的要求，使自己心情愉快些？你的老板没有满足你的要求，你就郁郁寡欢，心里老是嘀咕："你是不是该为我的职位做一些调整？"你老是觉得你的"另一半"不再像以往那样爱你，"你得怎样才能使我更快乐？"你的心里老是为这个问题在打转。

所以你开始自我煎熬、焦虑，使自己的情绪陷于沮丧的境地，不停地向全世界提出问题："你要为我做些什么？"并一再为这个问题找寻答案。

事实上，这个世界能为你做的事情几乎没有，生命本是一个必须自我完成的过程。这看起来似乎不太公平也很残酷，但这是事实。你可以让自己的内心忍受煎熬，不停地燃烧，但那是于事无补的。

成功学家罗伯特就有一次亲身经历："我第一次掌管的营业小组当中有一个推销员麦克，他总是用激烈的言辞来对抗不遂他心意的人或事。

"因此，每个人都抱着'不做不错'的心理，以免触犯了麦克，其中也包括我。后来才了解，他正是用愤怒来使我产生畏惧感。

"因此我就找他谈话。我告诉他，以后他在愤怒的情绪下所要求的任何事情，我都不同意。从那次以后，我们就处得很好，他也不再用怒气冲冲的语调，要求我做任何事。"这段经历挺有价值的。从那时起，罗伯特就发觉团体中的某些人也常会犯这个毛病。他们发怒、咆哮，而那些本性温驯的人便向他们屈服。事实上，在某些争议的场合中，那些叫得最大声的人，常被认为是最有道理的。

为了获得胜利，其争论的过程是相当疯狂的，但有时大声争辩也会奏效。因为当形势对他们不利时，他们就开始唾沫横飞，制造出一场暴风雨。

但是，这些人终将尝到孤立的苦果。他们不会成功，反而会由于不够成熟而导致恶名昭彰，其他人也会尽量地远离他们。

愤怒及发脾气，并不是博得他人合作的有效工具。不要让自己养成失去控制以赢得他们对你认同的习惯。

但那也不表示你不可以愤怒，你可以生气，关键在于要明白你如何发怒，以及它会如何影响你与他人的关系。

收好你的玻璃心

一直认为能够批评你的人都是为你着想的人，因为你的好坏与他无关，那么他又何必多管闲事批评你呢，既然他批评你了，说明心里是为你好的。虽然有的时候会有误解，但是我相信都是出于善意，所以面对批评自己的人，要怀有感恩的心。

一些批评是善意的，可也有一些批评是不怀好意的，面对别人的恶语相向，我们要将其抛开，不要让它对我们造成任何影响。否则，它将会成为我们挥之不去的阴影，始终纠缠着我们。

在我们的生活中，遇到一些正常的批评是一件好事，他会给我们带来很多纠正错误的机会。对于那些属于个人攻击、诽谤、中伤和诋毁的恶意批评，就不要在意，我们没必要浪费一丁点儿精力，如果你没有这样去做，那么，你很有可能中了那些试图用这种方式攻击你的敌人的圈套。

据说，佛陀在一次旅途中，遇到了一个不喜欢他的人，旅途中那个人想尽一切办法去侮辱他，这种侮辱持续了几天，伴随着一段很长的旅途，如果换作其他任何一个普通人，都会向那个污蔑他的人讨个说法，可佛陀却毫不理会。

等那个人骂够了，正想悻悻而去时，佛陀转身回问："如果有人想送你一份礼物，但你一直拒绝接受，那么，这份礼物应该是谁的？"

"很简单嘛！礼物应该属于那个送礼的人。"

佛陀听了，笑了笑说："我本来没有过错，这如同送礼物一样，如果我一连几天不接受你的辱骂，那就等于你自己在骂自己。"

那人听后没有作声，灰溜溜地走掉了。

生活中人们经常会遇到一些不怀好意的批评，如果不能用正确的态度去面对，将会给我们的生活带来很大的影响。当这样的事情发生在我们身上的时候，我们千万不要被这些批评所影响，要控制自己的情绪，时刻保持一个健康的心灵，如此，错误的批评乃至所有不良因素都不会影响到我们。相反，假如一味地沉溺于别人的评价，就很容易陷入被动，甚至会被对方所累。

真正的智者永远不会因为敌方言语上的一些挑逗而失去理智，面对恶意的批评，他们总是会一笑而过，根本就不会将其放在眼里。这些深明大义的人，能以极大的意志力克制自己的不良情绪，尽管受到很大的攻击，可他们的情绪却始终会保持平和，平静的心态使他们冷静地面对发生的任何事情，并还会将自己的精力集中，用正确的方法把自己所遭遇的不良环境轻松地化解掉。

在一次酒会上，一个女政敌高举酒杯走到了丘吉尔面前，指了指他面前的酒杯说："我恨你，假如我是你的夫人，我一定会在你的酒杯里下毒。"这是一句充满仇恨的挑衅，伟大的丘吉尔却微笑着说："您放心，如果我是您的先生，即使是一杯毒酒，我也会将它一饮而尽。"

一次，有一个不速之客突然闯入了洛克菲勒的办公室，直奔洛克菲勒办公桌的面前，他一边用拳头用力地击打着办公桌，一边愤怒地说："洛克菲勒，我恨你，我有绝对的理由恨你！"接着，这个暴跳如雷的家伙对洛克菲勒谩骂了十多分钟。

所有人都为自己的老板感到愤怒，他们觉得接下来洛克菲勒一定会拿起墨水瓶向那个不停羞辱自己的家伙丢去，或是叫人把他轰走。

但事情并没有像大家想象的那样，洛克菲勒不但没做出任何反抗和回击的行为，而是停下手头的活儿，用一种温和的眼神注视着这位不识趣的攻击者。对方越是急不可耐，他越显得和善。

那个狂妄的家伙被洛克菲勒的大度搞得莫名其妙，嚣张气焰慢慢地平息了下来，甚至有些手足无措了。

最后，他又在洛克菲勒的办公桌上狠狠地敲打了几下，但洛克菲勒依旧是用和善的眼光看着他，没有给出任何回应，最终这个狂躁的家伙感到有些尴尬，便转身离去了。而洛克菲勒就像什么事情都没有发生过一样，继续工作。

“忍一时风平浪静，退一步海阔天空。”其实忍耐是化解冲突最好的方法，当一个人发怒时，如果得不到反击，他便不会坚持太长时间，那么，他的情绪也会慢慢地平静，这也就促使他最初的暴躁情绪慢慢转化为平静。

面对别人的挑衅，那些真正的智者并不会迎“风”而上，他们往往会用自己的聪明才智轻松并且友善地化解自己所遭遇的麻烦。平和的心态和友善的行为，使他们无论遇到什么样的事情都会格外冷静，永远不会因为别人的不良情绪而影响到自己。

经得起多少诋毁，就担得起多少赞美

对待批评我们的人，我们要展示大度和友好的一面。千万不要一听到批评的意见，就怒火中烧。有时候，我们想请别人给我们提意见，别人也不会提了。所以听到批评的意见，要态度谦逊，要虚心接受。

一群孩子正在草坪上踢足球，突然天上飞过一架飞机，詹姆斯抬头看着天上的飞机，心想在天空中飞行一定特别美好，蓝蓝的天空、朵朵白云，是那么美丽。他突然产生了一个想法，他想长大后当一名飞行员，在天空中自由地飞翔。

就在这时候，他的伙伴大声地喊着他的名字说："詹姆斯，你在做什么，在那里发什么呆？”詹姆斯说：“快看天上的飞机，长大后我要当一名飞行员，我也要飞上蓝天。”他的伙伴对他大吼：“好了你别在那儿妄想了，你这个傻瓜，我发誓你这辈子都不会成为飞行员的，快去把足球捡回来。”詹姆斯没有去捡球，也没有因为伙伴的讽刺而放弃心中的梦想，他暗暗地下决心一定要实现自己的目标。

詹姆斯长大后，考上了一所航空大学，也如愿以偿的当上了飞行员。一天，他驾驶着飞机在天空中飞翔的时候，经过了他小时候居住过的地方，想起了他的小伙伴对他曾经说过的话，内心充满了自豪。

任何一个成功者都不会因为别人的影响而放弃自己追寻的目标，更不会让一些讽刺和批评左右自己，面对别人恶意的行为，他们会一笑了之，并且会用行动证明自己是正确的。但是很多人不能做到这一点，他们似乎不是在为自己而活。当被一些外界因素影响时，他们会显得无所适从。一个人不可能永远只得到别人的赞美，即便是你非常出色，也避免不了一些批评，而批评中也会有一些恶意的，很多人因为受到恶意的批评后，便失去了原有的自信，怀疑自己所做的事情是否正确，并开始担忧自己的能力。这样一来，就会使人们无法集中精力去做事，原本很有把握的事，往往也会因此而被自己搞砸。

在人类的行为中，存在一条基本的原则，如果你能遵守它，就一定能为自己带来快乐；而如果你违反了它，就会陷入无止境的挫折中。这条法则就是：“尊重他人，满足对方的自我成就感。”杜威教授就这样说：“人们最迫切的愿望，就是希望自己能受到别人的尊重。就是这股力量促使人类创造了文明。如果你希望别人喜欢你，就要抓住其中的诀窍；了解对方的兴趣，针对他所喜欢的话题与他聊天。你希望周围的人喜欢你，你希望自己的观点被人采纳，你渴望听到真正的赞美，你希望别人重视你……然而，己所不欲，勿施于人。那么让我们自己先来遵守这条法则；你希望别人怎样待你，你就要先怎样待别人。”

我国明代文学家屠隆在《续娑罗官清言》中说：情尘既尽，心镜逐明，外影何如内照；幻泡一消，性珠自朗，世瑶原是家珍。其意思就是说，只要放下对尘世的眷恋之情，那么心灵之镜就会明亮澄澈，从外部关注自己的形象，不如从内部进行自我省察，驱除庸俗的念头；只要看破实质，打消对如梦幻泡影一样的世事的执着之念，那么，自身就会像明珠一样晶莹剔透，熠熠生辉。要做世间少有的通达超脱之人，最关键的还是要保护好自己内心的那一份澄澈。

美国总统罗斯福的夫人曾经这样告诉成年教育家卡耐基：她在白宫里一直奉行的做事准则就是“只做你心里认

为是对的事”，反正是要接受批评的，做也该死，不做也该死，那就做应该做的事情，对一切非议一笑了之，再也不去想它。这才是做事情成功的关键。

过于在乎别人的说法，只能使自己的生活充满忧虑，尤其是对那些错误的批评，如果我们事事都往心里去，那么，你迟早会被它们折磨疯掉的。

美国著名总统林肯将那些对自己的刻薄恶意的批评写成了一段话，这段话被后来的英国首相丘吉尔裱挂在了自己的书房里。“对于所有恶意批评的言论，如果我对它们回答的时间远远超过我研究它的时间，我们恐怕要关门大吉了。我将尽自己最大的努力，做自己认为是最好的事，而且一直要坚持到终点。如果结果证明我是对的，那些恶意的批评便不攻自破；反之，我错的，即使有十个天使为我辩护也是枉然的。”

虽然我们不能阻止那些心怀恶意的人向我们提出恶意的批评，但我们完全可以控制自己的情绪，完全不理会它们。所有人对我们提出的批评，都是以他们的观点来评价的，我们千万不要因此而对生活感到迷茫，做自己，做自己认为正确的事，不要让任何人或是任何事影响到我们，才是最好的选择。

孤独的都是出众的少数人

要对事不对人，要批评别人所做的错误行为，而不要批评当事人。因为是行为本身应受到批评，并不是人本身。你绝不应该在批评别人时说："你真笨""你是个蠢才""你怎么这么没头脑"等等。

没有人敢保证他一辈子不会遭到别人的嘲笑，生活中的每个人都有可能成为被别人嘲笑的对象。很多人会把别人对自己的嘲笑视为一种侮辱，是对自己人格或是能力的一种否决。在遇到这类事情的时候，一部分人会选择昂首挺胸，并不会因此而丧失信心，或是减少对幸福生活的渴望；而有一部分人则会选择逃避，他们会在别人对自己的嘲笑面前低下头，甚至会因此而产生自卑的心理，失去前进的动力。两种不同的人，两种不同的选择，他们得到的结果也会完全不同；前者的行为是正确的，无论成功与否，他们的生活一定很充实；而后者则会生活在忧虑中，因为受到外来因素的影响，他们对自己始终有怀疑之心，这也就导致了对自己失去信心。

莫妮卡在二十几岁时就已经出版了作品，虽然已经是一位作家了，但举止笨拙，常感自卑。她的体型有些胖，不过并不是痴肥，她觉得衣服穿在别人的身上总是那么漂亮。她在赴宴会之前要打扮好几个小时，可是一走进宴会厅就会感觉到一团糟，总觉得人人都在对他评头论足，在心里耻笑她。

有个晚上，莫妮卡忐忑不安地去赴一个不大熟悉的宴会，在门外碰见一位年轻女士。

“你也要进去吗？”

“大概是吧，”她扮了个鬼脸，“我一直在附近徘徊，很想鼓起勇气进去，可是我很害怕。我总是这个样子。”

为什么？莫妮卡在灯光照映的门阶上看看她，觉得她很好看，比自己好得多。“我也害怕得很。”莫妮卡坦言，她们都笑了，不再那么紧张。她们走向前面人声嘈杂、情况不可预知的地方。莫妮卡的保护欲油然而生。

“你没事吧？”她悄悄问道。这是她生平第一次心不在自己而在另一个人身上。这对她自己也有帮助，她们开始和别人谈话，莫妮卡开始觉得自己是这群人中的一员，不再是局外人。

穿上大衣回家时，莫妮卡和她的新朋友谈起各自的感受。

“觉得怎么样？”

“我觉得比先前要好得多。”莫妮卡说。

“我也如此，因为我并不孤独。”

莫妮卡想：这句话说得真对！我以前觉得孤立，认为世界上的人都信心十足，可如今遇到一个和我一样自卑的人。此前，我让不安全给吞噬了，根本不会去想别的，现在我意识到：有很多人看来谈笑风生，但实际心中也忐忑不安。

莫妮卡常去的一家本地报馆，有位编辑似乎对她很粗鲁，莫妮卡觉得他的目光永不和自己接触。她总是觉得他不喜欢自己，现在，莫妮卡怀疑会不会是他怕自己不喜欢他?

第二天去报馆时，莫妮卡深吸一口气，对那位编辑说：“你好，安德森先生，见到你很高兴！”

莫妮卡微笑抬头。以前，他习惯一面把稿子放在他桌上，一面低声说道：“我想你不会喜欢它。”这一次莫妮卡改口道：“我真希望你能喜欢这篇稿子，大家都写得不好的时候你的工作一定非常吃力。”

“的确吃力。”那位编辑叹了口气。莫妮卡没有像往常那样匆匆离去，她坐了下来。他们互相看看。莫妮卡发现他不是咄咄逼人的特稿编辑，而是个头发半秃、其貌不扬、头大肩窄的男人，办公桌上摆着他妻儿的照片。莫妮卡问起他们，那位编辑露出了微笑，严峻而带点悲伤的嘴角变得柔和起来。莫妮卡感到他们二人都觉得自在了。

后来，莫妮卡的写作生涯因战争而中断。她去接受护士训练，再次因感觉到医院里的人个个称职唯独自己不然而心生畏惧，她觉得自己手脚笨拙，学得慢，穿上制服看起来全无是处，引来许多病人抱怨。“她怎么会到这儿来？”莫妮卡猜想他们一定会这样想。

工作繁忙加上疲劳，使莫妮卡不再胡思乱想，也不再继续发胖。她开始感觉到与大家打成一片的喜悦，她是团队的一分子，大家需要她。她看到别人忍受痛苦，遭遇不幸，觉得他们的生命比自己的还重要。

“你做得不错。”护士长有一天对莫妮卡说。莫妮卡暗喜：她原来在称赞我！她认为我一切没问题。莫妮卡忽然醒悟到几星期以来根本没有必要为自己是否称职而发愁担忧。

如今，事过多年，莫妮卡仍对人群、事业成功的人、粗鲁无礼的店员怀有畏怯之心，也仍然害怕身处于与自己格格不如的环境中。她告诉自己必须记住：想想你自己过去和那个独自站在街头紧张不安的女士的谈话。

人们都会有自信心不足的时候，为了使别人觉得快乐，自己也觉得快乐，要更加理智地看待问题。我们在生活中经常会受到来自别人的嘲讽，特别是自己在从事一件新事物的时候，这类事情更容易发生，这其实是很正常的。当我们遇到这种情况的时候，不要感到难过，而应该英勇地面对。

优秀的人没那么多可是

“如果火柴在你的口袋里烧了起来，你应当为此高兴，并且要感谢上苍，幸好你的口袋不是弹药库；如果你的手指头扎了根刺，你也应当感到高兴，幸好这根刺不是扎在眼睛里。”

俗话说：气大伤身。怒气会使一个人性格变得急躁，如果怀有怒气去做事，不但很容易因为一点儿小摩擦与他人发生冲突，而且还会影响到我们的身体健康。

当一个人怀着怒气去做事的时候，就如同一个丧失理智的士兵，没等敌人把他打垮，他就被自己发出的怒火“烧伤”。在如今这个竞争激烈的社会，为了使自己能够立足，人们一直都在与对手竞争。可在这期间，一定要牢记一点，任何时候都不要怀有怒气去“战斗”，因为怒气会使人丧失理智，在丧失理智的情况下，是很难取得胜利的。

虽然我国古代有“哀兵必胜”一说，但满怀怒气、丧失理智的哀兵未必就能取胜。三国时期，一心急于为关羽报仇的刘备，心怀怒火，倾全国之力，大举兴兵攻打东吴，最终落得失败的下场。

219年，关羽死后，刘备痛苦不已，对东吴仇恨有加。那个粗鲁的张飞鞭挞部下稗将范疆、张达，二人刺死张飞投吴。这让处在悲痛中的刘备更加痛恨。他不顾群臣苦劝，兴兵伐吴。以怒兴师，恃强冒进，在战略上犯了兵家大忌。开始时连胜东吴，孙权派使者求和，刘备斩之，孙权只好拜陆逊为大都督，那个聪明的陆逊坚守不战，以待蜀军兵疲意沮。而后火烧连营，大获全胜。刘备败走白帝城，伤感懊悔染病，临终前托孤于诸葛亮。

在历史学家看来，这是一场不会有好结果的战争。刘备一意孤行，不听诸葛亮事前调兵部署，结果蜀军全军覆灭，在卫兵的拼死保护之下，才捡了一条命，但从此忧郁攻心、一病不起，最后撒手西去。

冲动是魔鬼，愤怒总是会使人们变得冲动、丧失理智。无论受到了多大的委屈，我们都不要让怒火在心中燃起，要静下心来，理智地、冷静地看待问题，只有在理智的情况下，才可以对事情做出正确的判断，才能拿出最好的解决办法，从而顺利地将所遇到的事情化解。

一位老人退休后在乡下买了一座宅院，准备在这里安享晚年。这座宅院处于乡下的一座小山下，周围的环境非常优美，安静的生活让老人觉得很舒服。可没过多久，安逸的生活就被三个人给打破了。这三个人一连几天都在踢附近所有垃圾桶，吵得老人无法好好地休息。老人实在受不了踢垃圾桶发出的噪声，于是，他主动去和那三个人攀谈。

“伙计们，你们几个是不是玩得非常高兴呀！”他温和地说，“如果你们能够坚持每天都到这里来踢垃圾桶，我愿意给你们一块钱作为奖赏，你们认为怎么样？”

三个年轻人听了老人的话非常高兴，心想：天下居然会有这样的好事，我们不但可以在这里娱乐，还能拿到钱，真是太好了。

于是，他们每天都会来这里踢垃圾桶。

几天后，老人满面愁容地找到这三个人说：“通货膨胀使我的收入减少，从现在起，我只能付给你们每天五角钱了。”

三个人听后虽然有些不高兴，可这个结果还是能够接受的，于是，他们继续踢着垃圾桶。

又过了几天，老人再次找到了他们，抱歉地说：“实在对不起，我最近没有收到养老金，所以我只能每天付给你们两毛五分钱，这样可以吗？”

“什么？每天只有两角五分钱，这实在是太少了，无论怎样我们都无法接受，你去找别人踢这该死的垃圾桶吧！”说完，三人气冲冲地离开了。

生活恢复了以往的安静，老人再也没有听到踢垃圾桶发出的噪声，又开始了安逸的生活。

遇事不发怒，人们就可以保持冷静的头脑，便会理智地处理遇到的困难。英格索尔说：“愤怒将理智的灯吹灭，所以在考虑解决一个重大问题时，要心平气和，头脑清醒。”

所有好的办法几乎都是由冷静的头脑想出来的，反之，在丧失理智的情况下是很难想出好办法的；即便是想出了办法，也基本都是错误的。因此，我们一定要控制自己的情绪，不要怀着怒气去做事，如果这样去做，得到的一定会是非常糟糕的结果。

美国政治家托马斯·杰斐逊曾这样说道：“在你生气的时候，如果你要讲话，先从一数到十；假如你非常愤怒，那就先数到一百然后再讲话。”当我们心怀愤怒的时候，不妨等到情绪有所好转的时候，再与别人进行沟通。如果我们能这样做，或许多付出了一点儿时间，却能收获更好的结果。

你那么忙哪有时间患得患失

人生不如意之事十有八九，没有谁能够一直平平顺顺，那些烦心事总是隔三岔五地来捣乱。面对不顺，应该淡然以对，让一切云淡风轻？

为了过去的得失而懊悔，为了“打翻的牛奶”而哭泣、内疚、悔恨，无疑在浪费你的时间和情感。时光一去不复返，无论你怎样内疚、悔恨，已经发生的事是无法挽回的。所以，当你“打翻牛奶”的时候，不要哭泣，不要后悔自责，要迅速调整好自己的心态，坦然面对发生的一切，这才是最重要的。

20世纪90年代，有一位泰国企业家玩腻了股票，他转而炒房地产，把自己所有积蓄和从银行贷到的大笔资金投了进去，在曼谷市郊盖了15幢配有高尔夫球场的豪华别墅。但时运不济，他的别墅刚刚盖好，亚洲金融风暴出现了，他的别墅卖不出去，贷款还不起，这位企业家只能眼睁睁地看着别墅被银行没收，连自己住的房子也被拿去抵押，此外，还欠了一笔很大的债务。

这位企业家的情绪一时低落到了极点，他怎么也没想到生意场上一向轻车熟路的自己会陷入这种困境。

他决定白手起家，他的太太是做三明治的能手，她建议丈夫去街上卖三明治，企业家经过一番思索答应了。从此曼谷的街头就多了一个头戴小白帽、胸挂售货箱的小贩。

昔日亿万富翁沿街卖三明治的消息不胫而走，买三明治的人骤然增多，有的顾客出于好奇，有的出于同情。许多人吃了这位企业家的三明治后，被这种三明治的独特口味吸引，经常买企业家的三明治，于是回头客不断增多。这位泰国企业家的三明治生意越做越大，慢慢地走出了人生的低谷。

他的名字叫施利华，几年来，他以自己不屈的奋斗精神赢得了人们的尊重。在1998年泰国《民族报》评选的“泰国十大杰出企业家”中，他名列榜首。

作为一个曾经有着辉煌经历的企业家，施利华引起人们的关注是很自然的事情；特别是在他发达的时候，平常人想见他一面，或许需要反复预约。上街卖三明治不是一件惊天动地的大事，但对于过惯了发号施令的施利华，需要极大的勇气。

人的一生总会遇到数不清的屏障，这些屏障一些是别人放的，它们不会以我们自己的意志为转移；而有一些是自己放的，比如面子和身份等，它们完全可以由我们自己来掌控。生活最后还是成就了施利华，它颠覆了一个房地产商人，却培养出了一个三明治老板，让他的生活开始了新的成功。

莎士比亚认为，聪明的人永远不会坐在那里为他们的损失而悲伤，却会很高兴地去找出办法来弥补他们的创伤。在人生之中，谁都要面对无数变化和危机，这是人生常事。

很多人看过畅销书《谁动了我的奶酪》，一旦当你拥有的“奶酪”变质或消失时，你能否像“嗅嗅”和“匆匆”一样坦然面对呢？相信不少人是属于那两个小矮人类型的，他们会一度陷入变化带来的恐惧、忧伤之中，或者有人能像“唧唧”那样最终战胜消极心态，走出痛苦和黑暗，迎接新的黎明。但也有人就如“哼哼”那样永远地处于悔恨、失望的泥沼中，不能自拔。

只要我们掌握了以下方法，我们就可以从头再来：

（1）不要怨天尤人，从自己身上找原因。

（2）分析失败的过程和原因。

（3）把失败的记忆埋藏心里。

（4）想象自己成功的图景。

（5）构思下一步行动计划。

（6）重新行动。

02

思维突破：远离消极情绪走出思维雷区

2

思维世界的发展，在某种意义上说，就是对惊奇的不断摆脱。

——爱因斯坦

情商高，就是懂得选择情绪

当我偶尔对人生失望，对自己过分关心的时候，我也会沮丧，也会抱怨老天爷，可是一想起自己拥有的一切，便马上纠正自己的心情，不再怨叹，高高兴兴的活下去。不但如此，我也喜欢把快乐当成一种传染病，将它感染给我所接触的社会和人群。

忧郁的情绪会导致人们无法快乐地生活。随着一些不愉快事情的发生，人们就会产生忧郁情绪，忧郁的情绪是夺走我们快乐的“强盗”，有它使人生变得阴暗。当一个人忧郁的时候，他便没有办法集中精力做好每件事，无论生活还是工作，都会因此而变得一团糟。忧郁会使人们的记忆力减退，可以使人们思维变得缓慢，使自我评价降低，甚至在遇到一些事情时，还会产生极端的行为方式。据说，美国前总统布什在竞选落败后，不能接受竞选落败这一现实，心理上受到了强烈的震动和影响，整整两个月都郁郁寡欢。

据有关医学专家研究发现，忧郁症已经成为世界上最为常见的心理疾病之一，权威调查资料显示：全世界已经有过亿的人患有忧郁症，患有抑郁障碍的人高达25%~64%，在全球的发病率超过了10%。抑郁会导致人们精神衰弱，使人们变得欲罢不能，困扰所有光临它的人。它表现为：持续的情绪低落，对生活缺乏兴趣，对前途悲观失望，陷入一种绝望的心理境地而不能自拔，有人把它比作“心灵的感冒”，可其实这远远要比感冒严重，想要康复，需要更多个人的自我调节。

处于忧郁状态的人如果能够进行自我调节，积极面对现实和困境，接受不可避免的现实，就很可能克服忧郁的情绪，重新适应美好的环境，恢复正常人的生活。

巨大的生活压力，是最容易导致抑郁情绪的，人们常常会因为承受不了某一方面的压力，从而变得忧郁，如果不能及时做出调整，甚至还会导致抑郁。抑郁是一种非常隐蔽的心理疾病，一般人都很难察觉，如果不能及时调整自己心态的话，一旦陷入其中，就会变得无法自拔。

清初，有一个眼睛患病的人去找名医叶天士看病，叶天士看到这个泪流不止、精神忧郁的病人，仔细地进行一番望、闻、问、切后说：“你的眼病并不严重，只需要几贴膏药就可以治好，但严重的是，在7天之后，你的两只脚会长出恶疮，那几乎是致命的。”

病人听后，非常恐慌，他连忙跪下请求说：“还请叶神医一定要治好我的病，我一定会重重地报答你。”叶天士连忙把他扶起来说：“你不要害怕，你的病还有得救，还没有到山穷水尽的地步，只要你按照我说的去做，你就能够好起来。”病人听后赶忙回答说：“我一定会按照您的吩咐去做，你让我怎么做我都愿意。”叶天士对这个病人说：“你每天临睡觉之前和早晨起床后，用手仔细揉搓你两脚心各360次，一次也不要少，如果你能坚持下去，那你就会战胜病魔。”

病人将这位大名鼎鼎的医学家的话奉为圣旨一般，回到家中后，一点儿不敢怠慢，按照医生所说的去做。很快7天过去了，这位病人不但眼睛完全康复了，脚下也没有生恶疮，为此他感到非常高兴。便去向叶天士道谢。叶天士微笑寺对他说：“你的眼病其实是长期忧虑所致，只要用上药，不再去想它，眼睛自然就会痊愈。但你的心事更重，你的眼痛令你心里担忧得不得了。我让你揉你的双脚，自然你也就不会注意到你的眼睛了，而且揉脚心还可以使你去火定神，补肾强身。如此这般，心病一去，眼病自然也就好了。”

其实在生活上也是如此，有些事情原本是很好的，可却因为一个人有过多的忧虑导致事情变得糟糕。内心的忧郁经常会导致一些不幸的事情，过多忧郁只能带来痛苦，过分忧郁一件百害而无一利的事。美国著名成功学大师卡耐基在他编著的一本书中这样写道：“不要为了明天而忧郁，因为明天还有明天的忧郁；一天的困境让一天担当就足够了。”“无论如何都要为明天打算，深思熟虑，但不要焦虑不安。”

古希腊伟大的哲学家、思想家柏拉图说：“医生治病时所犯下的最大的错误，就是只管治疗身体上的疾病而不去治疗心理上的疾患，因为人的身心其实是密不可分的。”有关部门调查后表明：那些住院病人当中50%的人都是因为情绪紧张过度引起健康状况恶化。如果把这些病人的神经放在高倍显微镜下观察，发现他们的神经与那些健康人的神经并没有什么不同。他们焦虑的根源并非身体的神经出了障碍，而是沮丧、焦虑、失败、惧怕、苦闷和绝望等情绪导致的。

很多时候，人们之所以会变得堕落，往往是因为内心出现了问题，当一个人怀有焦虑不安的情绪时，是无法将一件事情做到最好的，因此，我们一定要杜绝忧郁，时刻调整自己的心情，使其永远保持健康的状态，这样我们才可以生活得更加轻松，用良好的精神面貌迎接新一天的到来。

焦虑症多半是太矫情

在充满噪音的都市丛林里，你几乎快乐不起来。此时，你不妨抽空到乡间走一趟。吸口新鲜空气，闻闻泥土芳香，看看翠绿大地，听听大自然的奏鸣曲——蝉声、鸟声、溪水声……你将会有不一样的感觉。

人是唯一具有意识、情绪化的高等动物，一个人只要活着，肯定会经历许许多多令人不愉快的事情。生老病死是世界人类永恒的主题，这是谁也脱离不了的宿命。推动历史发展，处理形形色色的事情，又是我们人类的责任。当我们失去生养我们的父母、与同学同事由于某事而大动干戈、遭受领导的批评或由于做错了某事过于自责时，我们就会不快，心情低落，再严重一些就会发生心理压抑、郁闷、沮丧、反应迟钝和萎靡不振等抑郁症状。

现在，快节奏的生活使人们身上的担子和压力越来越大，有数以亿计的人感受到了来自生活各方面的担忧，使他们进入了亚健康状态。其中忧虑就占了亚健康状态的大部分比重。

如果一个轻微的抑郁症患者得不到及时治疗，心灵所承受的痛苦会越来越大，很可能就会发展成为中度或重度的抑郁症。

这时，患者的思想和现实严重脱节，工作失败，常常会有毫无征兆的自责感，对人生丧失信心，更为严重的是，患者会经常出现一种不可抑制的幻想状态，最大的恶果便是自杀。

据有关资料显示，超过70%的自杀者都是因为患有严重的抑郁。

有一个美国妇女，由于沉重的生活压力患上了抑郁症，她为一切而焦虑，为一切而心急如焚，哪怕一丁点儿的小事，她都会暴跳如雷、耿耿于怀。生活的一切对她来说，是那么格格不入，时间愈久，她对生活愈感到绝望。最后，她想到了自杀，同时，又认为自己死了，留下的5个孩子会受苦受难。于是她在自杀前，也把自己的5个孩子全部杀死了。

一个患了抑郁的人，情绪会持续低落，思维反应非常缓慢，变得不擅言辞，行动迟缓，精神抑郁，在生活中处处被动，不愿意与人相处。其中大部分人不会主动消除忧虑情绪，医学专家认为，长期忧虑导致很多人患了胃溃疡、心脏病、失眠等疾病。头痛医头、脚痛医脚。人们往往只会注重一些表面上的症状却忽视了精神上的源头。

心理咨询师们认为，那些认真工作和喜欢照顾别人和在事业上有贡献的人易患抑郁症。那些工作紧张繁忙、人际关系紧张和生活环境改变的人也易得抑郁症，比如，工作压力大，经历亲人的生死别离，事业和生活受挫等，都会引发抑郁。另外，还有那些消极不自信的人也易得忧虑，缺乏家庭温暖的妇女和儿童也容易得此病。

当有了忧虑的不良情绪之后，你可以通过自我调节的方法治疗。

方法如下：

1. 真实地表达出自己的情感，弄清自己到底是在哪里出了问题。

2. 学会分析自己的担忧是否有道理，是否值得？找出一些克服的方法，限定自己为此忧虑的最后期限，而不要把它们放在心里。

3．寻求自己新的计划和目标。学习一些文娱活动，如长跑、跳舞、郊游和游泳等。还可以多参加一些社交活动，经常与亲朋好友聚会等等。

小“丧”怡情，大“丧”伤身

所有的人都以快乐幸福作为他们的目的，没有例外；不论他们所使用的方法是如何不同，大家都在朝着这同一目标前进。

现在的生活节奏太快，人们的压力无端地加大，令许多人疲于奔命，再加上复杂的人际交往，人们一不小心就会陷入无法自拔的境地。开始的闷闷不乐，似乎很正常，但如果屡屡碰到霉气，坏情绪成为一种习惯的时候，如同决了口子的河堤，一发而不可收拾。

人作为物种进化的顶峰，区分于其他的智慧生物的一个最重要的特征之一就是其对自我的巨大控制能力。

我们之中的很多人，身心上，既未遇过重大打击，也未体验过极度快乐。曾有人说过，苟且活着跟埋在地里只不过数尺之差。一个世纪之前，爱默生说过这样的话："多数人都是寂静地活在消沉之中。"比起当时，这句话更适用于生活在21世纪的我们。很多人对自己的人生感到无奈，想得到的得不到，想避开的却躲不掉，人生过得无趣无味。实则，当前人们最大的危机，就是情绪上的"低迷"，如何让大家的心再跳跃起来，是我们应该共同努力的方向。

绝大多数人有个错觉，认为情绪是完全无法控制的，它是一种自然的反应，这个错觉使大家视情绪如病毒，当我们的"心理体质"不佳时就会被入侵；有时候我们也把情绪看成是理智的"堂兄弟"，会影响理智所能发挥的力量，甚至有时我们的情绪只不过是对别人所言或所为的直觉反应而已。到底这些看法有何共同之处呢？那就是认为它是深不可测的东西，是我们不能掌控的。

那么，我们如何正确处理情绪呢？人们处理情绪的方法一般有四种：

第一种：逃避。我们每个人都希望避开痛苦的情绪，然而有些人因为矫枉过正，结果连那些他想得到的情绪也失去了。譬如说他们害怕失望，因此极力避开会导致失望的情况，如畏缩于拓展人际关系、不敢接受具有挑战性的工作，当一个人出现这种情况时就如同掉进陷阱之中。就短期来看，他是避开了会使他失望的可能，可是却也失去了能使他得到关怀和信心的机会，也许这正是他渴望得到的情绪。除非你完全失去感受的能力，否则你就摆脱不了情绪，一心想逃避负面的情绪并不是办法，积极的做法是你应该从这些负面的情绪中挖掘它深藏的意义及功能。

第二种：否认。经常有些人不愿让恶劣的情绪为他人所知晓，便会说："我并不觉得有那么糟。"然而他们的心里却一直惦记着那些事：为什么自己就那么"衰"，为什么别人会想占自己的便宜，或为什么自己已经尽了力却仍不如意？他们就只会往这些负面方面想，却不去想如何来改变。一个人如果真的遇上不如意，却想一味地隐瞒，这不仅于事无补，反会带给自己更多痛苦；如果一味不理会情绪所带来的讯息，那不会使你觉得更好受，反倒加强负面的情绪，直到最后你不得不正视。处理这类情绪最好的方法不是漠视，而应去了解它的成因，从其中找出化解的策略。

第三种：屈服。有些人对痛苦的情绪很容易便屈服了，甚至甘被其控制。他们无心从其中学得宝贵的教训，反倒刻意加强它们的威力，甚至于还不服气地对别人说："你们以为能够应付得来，让我告诉你们，它远比你们所想的困难得多。”当他们说这句话时，就真觉得好像是在说一个事实，好像自己遇到的是别人所未曾经历过的，自己能有此经历是件值得骄傲的事。各位可以想见，一个人如果常常有此举动，那就是掉进致命的陷阱里，若不抽出身来，人生最后就必然如他自己所预言的那样穷困潦倒。处理痛苦情绪最有效且最健康的方法，就是要学会看到它对你的正面意义。

第四种：学习与应用。如果你真想过个有意义的人生，那么就得让情绪为你所用。正如前面曾说过的，只要你有感受的能力，就摆脱不了各种各样的情绪，所以你别想逃离开它，别想消除它，别想对它视而不见，别想歪曲它的意义，当然更别想让它掌控你的人生。情绪，就算是会带给你短期的痛苦，但它绝对是一个你内心的指南针，为你指引方向，以实现所想追求的目标。如果你不晓得如何使用这个指南针，那么就有如行驶在狂风暴雨之中，永远找不出一条脱困的航线。

别和自己拧巴

忧愁、顾虑和悲观，可以使人得病；积极、愉快和乐观的情绪，可以战胜疾病，更可以使人强壮和长寿。

人只有一次短暂的人生，活着就是为了追求快乐和成功。只有短暂人生的我们根本没有时间去烦恼、抑郁，更没有时间用别人的错误去折磨自己，也不要用世俗的偏见来惩罚自己，最不能容忍的是因自己的错误而难为自己。

人人都有趋利避害的心理，更有着自尊心和对美好生活的向往。但命运多舛，生活总会给我们制造这样或那样的障碍，一旦走不出那段暗淡的日子，很多人就会陷入烦恼的折磨之中。

在日本，有一个品学兼优的青年，在应聘一家大公司的时候，参加了公司组织的考试。在后来公司公布的录取榜上却没有他的名字。这位青年得知这个失望的消息后，灰心、抑郁和绝望袭上心头，顿生轻生之心，幸亏医院抢救及时，才没有自杀成功。

不久，他应聘的那家大公司又给他发来消息：他的考试成绩名列榜首，只是在统计考分时，电脑出了故障。于是他被那家大公司录用了。但当那家公司知道了他自杀的事情时，坏消息又很快传来，他被公司解聘了。原因是：一个人如果连如此小的打击都承受不起的话，又怎么能适应公司高强度的节奏呢？又如何对公司建功立业呢？

这个青年虽然在成绩上名列第一，打败了所有竞争对手，但他没有打败自己那颗脆弱的心，结果使自己错过了一次机会。

所以说，在追求成功的道路上，又有多少人像这个日本青年那样，一时的受挫而导致灰心丧气，甚至到了成功的巅峰还全然不知。他的失败在于，压力和脆弱扭曲了他的心灵，导致他的心理到了崩溃的边缘。

特别是当我们悲伤地躺在床上，任由失败的泪水横流的时候，其实泪水打湿的不是枕被，而是我们脆弱的心灵。其实，我们大可不必这样，与其自己想不开而怨天尤人，不如擦亮自己的眼睛，找出障碍的解决之道，重新走出属于自己的一条道路，而不是跟自己过不去，更不是自己折磨自己。

当心情郁闷的时候，我们不妨到乡间小路上去大口呼吸清新的空气，闻一闻泥土散出来的芬芳，看一看一望无垠的山野大地，听一听草丛中的蛙鸣、蛐蛐和溪水潺潺的天籁，我们的心境就会好些。

如果人们只想追求自己的快乐，这个愿望似乎很容易实现。但很多时候，我们的坏情绪都是来自自己身边的人，他们生气，我们自己也生气，他们发愁，我们自己也发愁。他们是我们情绪的传感器。所以，有时让自己快乐，首先得让别人快乐。也因此，在一些小事上，我们不必和别人争个你死我活，更不必逞强，这样无异于是自己折磨自己，自己不妨宽宏大量一些，让别人多一些快乐，自己则会得到更多的快乐。

要想自己活得快乐，就不要让自己过于较真，而牢牢抓住自己或别人的小辫子不放。否则，世上的烦恼实在是太多了，没有必要一股脑地都装入大脑中，否则自己又怎么能够承受生活中的是是非非呢？

人们往往都是这样，简单的道理，一听就懂，别人不愉快的时候，自己也会劝解。可谓“当局者迷，旁观者清”，一旦事情落到自己头上，却很难冷静处理。快乐同生活的其他道理一样，也需要历练。我们应该把生活中发生在自己头上的事情慢慢消解，这样时间长了，你在烦恼面前肯定会有惊人的免疫力。这时，我们会收获更多的幸福和快乐。下面有一个寓意深远的小故事：

有一回，一位父亲教他5岁大的儿子在开满鲜花的院子里使用割草机。当父子两个割得正高兴的时候，屋子里的电话响了，父亲进屋去接电话。而儿子则把割草机推上父亲最喜爱的郁金香花圃，不一会儿，就把郁金香花圃割了个七零八落。接完电话的父亲看到这幅满目狼藉的景象，非常愤怒，下意识地举起了他那握紧的拳头，这时孩子的母亲走了过来。

她立刻明白了是怎么回事，对丈夫温柔地说：“人生最大的幸福是养育我们自己的儿女，而不是养郁金香。”做父亲的立刻消失了怒火，一切归于平静。

这个故事中的母亲是一个拥有生活智慧的人，她知道，生活的一切烦恼都是因为小事而折磨自己，但我们要抓住的是生命中最重要的东西，而不是那些具体的细枝末节。无休止的忧虑和愤怒对你来说，确实是太过残酷，更为可怕的是，自己折磨自己。真应了那句话：人生最大的敌人就是自己。因此，我们只要认识到了这一点，就绝对不会自己折磨自己。

没人能对你的痛苦感同身受

即使处境危难，也要寻找积极因素。这样，你就不会放弃取得微小胜利的努力。你越乐观，你克服困难的勇气就越大。

一个人如果无休止地烦恼，那就太不值得了。即使烦恼让你身心俱疲，头痛欲裂，也不会有一个人为你负责，而且这种坏情绪还能影响你的父母亲朋。因此这是一种非常消极且划不来的情绪，它直接导致了你的失败，而且还不被人理解。你还是永远的输家，没有一个人会为你的烦恼买单。

你为了忧虑和烦恼可以呼天抢地，也可以茶饭不思，也可以任由忧虑和烦恼的阴影笼罩你的工作和生活，甚至你还可以为了它而自杀……但所有的这些，都是由你个人的原因引起，不会有一个人会为你负出责任，更没有一个人会为你的忧虑和烦恼买单。这在别人看来实在是一件蠢事，甚至你会被别人说成是一个傻瓜和白痴。

这其中最重要的是，我们为了自己的烦恼和忧愁而牺牲自己，实在是不值得。如果你明白了这一点，还有什么事情值得你去付出精力呢？让我们看看大音乐家贝多芬是怎么做的吧！

伟大的音乐家贝多芬在他26岁的时候，他的耳朵就开始出现问题了。在28岁时，当他发现自己听觉系统有了很大问题时，而且日益严重。这使贝多芬十分忧心，但他又不愿意告诉别人，再加上爱情的挫折，他的脾气变得很暴躁。

1802年，他的坏情绪到达了一个顶点，当时，他住在维也纳的近郊，找了很多医生来医治他的耳病，他们都不清楚病因，各种治疗耳病的方法都试过了，丝毫不起作用。这让贝多芬伤心到了极点，几度打算自杀，甚至写下了遗嘱，然而他心中燃起的音乐烈火烧掉了这一次精神危机："难道这个世界就不能收留我吗？难道这个世界就没有值得我留恋的吗？难道自己死后，没有一个牵挂和怀念的人吗？不，我不能被生活击垮，要扼住生命的咽喉。"

之后，他放弃了所有应酬，专心致志地投入到了音乐创作之中。过了两年，在第一交响曲后，又创作了几部作品，在他的人生中迎来硕果累累的收获季节，到达了音乐艺术的巅峰。

贝多芬尽管一生非常坎坷，但是音乐方面的成就为他带来了不少安慰和快乐。他视音乐为生命，为大众奉献了一首首有着崇高艺术价值的音乐曲子，他的音乐天分和如火如荼的创作热情给人们的生活带来了无穷的快乐和激情。

生活对我们来说，有数不完的烦恼和忧伤，你经历一次忧伤，一定会给你的心理带来长期的阴霾和伤害，因发怒和忧伤产生的痛苦远远比事件本身带给你的伤害多得多，你那无边无际的忧愁有如炽热的沙漠，慢慢吮吸着你的心灵之泉，若不补救的话，总有一天，你的心灵会因干涸而变得没有生气，最后不可避免的恶果则是尘沙起、地表裂。

在这个世界上没有绝对的完美，当你对一件事物吹毛求疵，甚至斤斤计较的时候，只是自寻烦恼。烦恼的后果只会把事情搞砸，而且还不会有人为它负责任。最后，请记住，不要烦恼，因为你要一个人为它承担后果，没有人会为它买单，只有蠢人才会在意那些毫无意义的小事。如果因为它们而烦恼的话，实在是不值得，只有傻瓜才会那样做。

我们可以以清代东阁大学士阎敬铭所著的《不气歌》作为本节的结尾："他人气我我不气，我本无气他来气；倘若生气中他计，气下病来无人替；请来医生把病治，反说气病治非易；气之危害太可惧，不气不气真不气。"此歌语言朴实，通俗易懂，却寓意深远。

别让“努力感”阻碍成功

要知道，悲观不是天生的。像人类的其他态度一样，悲观不但可以减轻，而且通过努力还能转变成一种新的态度：乐观。

人们常说“金无足赤，人无完人”。有缺陷和不足并不可怕，可怕的是不能正视并克服自己的不足。勇于正视自己的不足，是一个人克服缺点、走上成功的开始，一个民族也是这样，一个国家还是这样：只有正视自己，取长补短，发奋图强才可取得进步，走向成功。

人生没有现成的机会，可能你还不成功，但不必烦恼，也不必愤慨。孔子说：“三人行，必有吾师焉。”如果敢于正视自己的不足，虚心向周围的人学习，取人之长，补己之短。勇敢地面对自己的弱点，人们则只会看到新的人生光华，而忽视了曾经的缺陷和不足，最为重要的是扶正了自己那不平扭曲的心理，走出了自身心理的阴影。

有一位年轻人，他对大学毕业之后何去何从感到彷徨。因为他没有考上研究生，不知道自己未来的发展；他的女朋友将去一个人才云集的大公司，很可能会移情别恋……别的同学都主动去寻找工作，而他成天借酒消愁，对什么都提不起兴趣，天天混在宿舍里，无动于衷，甚至天天梦想着时来运转。他还经常和同学争吵，陷入了一种无所事事的状态之中，最后他的同学几乎都找到了工作。而他却烦恼从生，整个人到了崩溃的边缘。

于是他去找心理医生。心理医生说：“无病呻吟！你曾看过章鱼吧？有一只章鱼，在大海中，本来可以自由自在地游动，寻找食物，欣赏海底世界的景致，享受生命的丰富情趣。但它却钻进了一个珊瑚礁，然后动弹不得，焦躁不安，呐喊着说自己陷入绝境，你觉得如何？”

最后，心理医生提醒他：“当你烦恼时，记住你就好比那只章鱼，要松开你的手，让它们自由游动。困住章鱼的正是自己的手臂。”

就像这个例子一样，人心很容易被种种烦恼捆绑。但都是自己把自己关进去的，是不能正视自己，自投罗网的结果，就像这条作茧自缚的章鱼，从不想着放手，最后让无谓的烦恼毁了自己。

一直以来，在我们的教育中，个人总是被否定的那一个：面对集体，我不重要，为了集体的利益，我应该把自己个人的利益放在一边；面对他人，我不重要，为了他人能获得开心，只能牺牲我自己的开心；面对我自己，我也不重要，这个世界上，少了我就如同少了一只蚂蚁，没有分量的我，又有什么重要？但是作为独一无二的我，真的不重要吗？不，绝对不是这样，我很重要。

我们每个人的生活面貌都是由自己塑造的，如果我们能学会接受自我，看清自己的长处明白自己的短处，便能踏稳脚步，达到目标；这样就不至于浪费许多时间精力，白白苦恼。发现自我，秉持本色，这是一个人平安快乐的第一要诀。然而，现实生活中却有很多人做不到这一点。

不能保持自己的本来面目，这一问题自古皆然。詹姆士·高登博士认为：“这是人性丛林中的一种普遍现象”。这也是造成许多精神衰弱症、精神错乱的根源。曾针对儿童教育问题写过十多本书和上千篇报道的安哥罗·派屈说道：“当理想中的自我与现实中的自我不相一致时，那就是一种不幸。”这种现象在好莱坞比比皆是，著名导演山姆·伍德说过，他最头痛的就是让那些年轻演员秉持住自己的本色，他们只想变成三流的拉娜·透拉，或三流的克拉克·盖博，而观众要的是另一种口味。在执导《战地钟声》等名片之后，山姆·伍德从事过好几年的房地产生意，形成自己的推销性格。他声称，拍电影和做买卖原则是一样的，如果你一味模仿别人，就不能成功。“经验告诉我，”伍德说，“不能表现出自我本色的洽谈会失败，而且失败得很快。”所以，你既然已来到世上，就应庆幸自己是世界上独一无二的，应该把自己的天赋发挥出来。据说，所有艺术家都是具有一些天赋的，你是什么就唱什么，是什么就演什么。经验、环境的遗传干扰了你的面目，不论是好是坏，你都得弹起生命中的琴。每个人在受教育的过程当中，都会有一段时间确信：嫉妒是愚昧的，模仿只会毁了自己。每个人的好与坏都是自身的一部分；纵使宇宙间充满了美好的东西，但如果不努力，你什么也得不到；你内在的力量是独一无二的，只有你知道自己能做什么，并真的去做，否则，你不知道自己能做些什么。

只有那些总是故步自封、总朝后看的人才会墨守着那些早已为人所抛弃的陈旧方法。有一天他们终将承认，观念保守、思想陈腐的人就像得了半身不遂之症，不再能动弹一丝一毫。使用那些早已过时了的、毫无作用的方法来做事的人，就如急于赶路却抛弃飞机、火车和汽车而骑毛驴的旅行者。

很多最初业绩很不错的教师，他们故步自封，教来教去却毫无新意，在他们的眼里没有文化的最新发展和方向，没有新的教学方法与概念，他们总是无法跟上时代的步伐，其结果只能是落后而遭人抛弃。

很多律师的经验只是多年前学来的，辩论方法也同样陈旧，这些或许会让他在几十年前大出风头。但法律现在已有了很大变化，辩论方法更是今非昔比。他们却墨守成规，不再去学习，而反复运用过去的方法，并乐此不疲，只能使他们最终惊叹于自己的生意被那些初出茅庐、毫无资历的新人抢走。

在乡下开了多年的商店，却在店里只出售一些老古董的商品，不懂得怎样的翻新而跟不上时时刻刻在变的需求。当顾客上门时，不是没有这种商品，就是没有那种商品，最终难逃关门的厄运。所以如果还有许多过时的库存货在你的店里卖不出去，那么还是趁早把它们从货架上撤下来，不论价格多低趁早把它们卖掉，不要让这些过时货再白白地占着货架，然后根据需要进些新商品。

相反，能走向成功的人，是那些一直保持着进取的姿态、有富于创新的勇气、永远都走在时代前沿的人。他们远远胜过那些曾风光但故步自封不懂得追随时代步伐的人。

越是委屈自己，别人越不在意

明亮的火焰大概是由意外的火花点燃的。人生道路上散发出芳香的花朵，也许是偶然落下的种子生长出来的。

当上帝关闭了你面前的一扇窗的时候，一定还会为你打开另一扇窗。当你陷入某种困境和弱势时，不要期望别人来支援你，更不要以自己的处境来乞求别人的怜悯。在人生的道路上，唯一能够拯救你的，只能是你自己。重要的是，你要试着找到上帝给你打开的另一扇窗。

一次，有一个抑郁的人去医院看病。他在医院担忧地对医生说：“我晚上常常失眠，心中充满了各种各样的忧愁和烦恼。”

医生对他进行一番详细检查后，发现他没有任何疾病，只是情绪不佳而已。医生建议他多休息，并可以找一些乐子。医生说：“城东的马戏团表演非常精彩，特别是那个小丑的表演精彩绝伦。你如果去了，一定会让你的忧愁和烦恼一扫而光，还会让你发笑，得到真正的快乐呢！”

病人无奈地说：“不会起任何作用的，因为我就是那个表演的小丑。”

这个故事颇耐人寻味，它是说没有一个人能够真正了解我们内心深处的忧伤，只有自己多多地自我了解，自我化解，才能自己拯救自己。

生物学家说，飞蛾在由蛹变茧时，翅膀萎缩，十分柔软；在破茧而出时，必须经过一番痛苦的挣扎，身体中的体液才能流到翅膀上去，翅膀才能坚韧有力，才能支持它在空中飞翔。一天有个人凑巧看到树上有一只茧蠕动，好像有蛾要破茧而出，于是他饶有兴趣地准备见识一下由蛹变蛾的过程。

但随着时间一点点过去，他变得不耐烦了，只见蛾在茧里奋力挣扎，将茧扭来扭去的，但却一直不能挣脱茧的束缚，似乎不可能破茧而出了。最后，他的耐心用尽，就用一把小剪刀，把茧上的丝剪了一个小洞，让蛾摆脱束缚容易一些。果然，不一会儿，蛾就从茧里很容易地爬了出来，但是它身体非常臃肿，翅膀也异常萎缩，耷拉在两边伸展不起来。

他等着蛾飞起来，但那只蛾却只是跌跌撞撞地爬着，怎么也飞不起来，又过了一会儿，它就死了。

任何香甜的果实，都是勇士战胜艰难险阻，用自己的血汗浇灌的。外部力量的介入可能阻碍甚至扼杀成功的产生。揠苗助长也就是这个意思。古时候有个人很想禾苗快点长，天天去看，可禾苗都没什么变化，这人看它们长得那么费劲，就很“聪明”地帮它们往上拔，结果可想而知——禾苗全都死了。

有很多事情都是要靠自己去经历、去尝试、去完成，别人无法代替你。

有一天，下着大雨，一个人躲在屋檐下避雨，他突然看见观世音菩萨正打着伞走过。这个人便对观世音菩萨说：“观世音菩萨，度我走一段如何？”

观世音菩萨说：“我自己在雨中，而你在屋檐下，檐下无雨，你用不着我度。”

这个人不由分说，立刻跳出檐下，站在滂沱大雨中，说：“现在，我也在雨中了，这回该度我了吧？”

“你在雨中，我也在雨中，我没有被淋着，是因为我有伞，你被雨淋是因为没有伞。所以，度我的是伞。如果你想度，不要找我，请找伞去。”观世音菩萨说完就走了。

到了第二天，这人遇到一件麻烦事，便去寺里求观世音菩萨，他发现观世音菩萨塑像前已经跪着一个人，那人长得和观世音菩萨如出一辙、丝毫不差。

于是这个人又充满疑惑地问：“你不就是观音吗？”

观世音点了点头，继续跪拜。

这人感到很惊奇，又问：“你为什么拜你自己呢？”

观世音菩萨笑道：“我和你一样，也遇到了难事，但我明白，求人不如求己呀。”

我国有一句古训：自助者，天助也之。唯有自己才是自己的救命神。一个人如果树立了正确的价值观，丰富自己的修养，正确认识和塑造自我，就会铸就幸福和成功的人生。

生活中的你需要过什么样的日子，走一条什么样的道路，起决定作用的还是你自己，自己只能靠自己拯救，我们只有自己去体验人生，去接受人生中的风风雨雨。终会有一天，我们会走出生存的困境，从而彻底地解救自己，自身汗水换来成功多么令人高兴和感到荣耀。因此，自己拯救自己是最大的人生快乐和幸福了。

偶尔自我袒露，更能掌控情绪

房子修的再大也是临时住所，只有那个小木匣子才是永久的家，所以，屋宽不如心宽，身安不如心安！

每个人都有自己烦心的事情，但不要一股脑地说出来，我们何必让别人承受不快乐的情绪呢？一个人要把笑容留给别人，自己变得坚强一些。特别是对一些对你没有真情实意的朋友，他们表面同情你，但内心流露的更多是不屑和敷衍。

有个石油大王，他年轻的时候，只是个一无所有的流浪者。

一次，他流浪到一个偏僻的小镇上，受到了镇长杰克逊的热情款待。

恰逢下雨，镇长门前的小路变得异常泥泞，来往的人们为了省事，便纷纷从镇长的花圃上通过。看到美丽的花儿被踩得东倒西歪，年轻的流浪者替镇长生气，他冒着雨守护在花圃边，督促人们从泥泞的小路上通过。这时，镇长挑着一筐煤渣过来了，他默默地将煤渣铺在了泥泞的道路上。

年轻人十分不解，他以询问的眼光望着镇长，但杰克逊只是一笑置之。道路上铺满了煤渣，于是行人都从路上直接走过，没人再踩花圃了。杰克逊意味深长地对他说道:“看到了吧，关照别人就是关照自己。”

青年猛然醒悟，他牢牢记住了镇长的话，这对他以后的事业起了不小的帮助。

当我们与他人发生矛盾时，为什么不试着从他人的角度考虑，先帮助别人解决麻烦呢?或许就在这时，自己的困难也迎刃而解。矛盾与和谐都是人创造来的。

有一个农民费尽千辛万苦，找来些优质西瓜种子，并把它们种了下去。邻居知道后，纷纷来打听优质种子的来源。农民怕大家都种出优质西瓜后，自己有了竞争对手，于是便拒绝了。邻居们只好种上以前的种子。到了夏天，这个农民满以为自己会获得丰收，结果却发现自己收获的仍是劣质西瓜，比邻居的强不了多少。

农民非常困惑，他为此请教了一位专家。专家说:“因为你的西瓜授的仍是邻居劣质西瓜的花粉。”

人们往往嘲笑这个瓜农，可很多人却犯着同样的错误，唯恐自己吃亏，不愿帮助他人。其实每个人都是社会中的一员，与周围的事物不可避免地发生着联系，善待他人就是善待自己。

我们要是能在我们的谈话中体现出对他人的关爱和友好，那你的魅力自然会大大提升。有些人感到很寂寞，便产生这样的愿望：“我要是能吸引一些朋友，能做一个受人欢迎的人，做一个人们乐于交往的人，该多好!”但由于这些人本身很怪僻，缺乏吸引朋友的魅力，所以总是没几个人乐于和他们交往，使他们不能享受生活中有朋友的诸多好处。

当你对别人的事情表现得很关切，很有兴趣时，你就找到了一个吸引朋友的最好办法，但这不应该是虚伪的，而是你真心地关心他人，对他人感兴趣。

现在，很少有人注意自己的情绪变化给生活带来的负面影响。不管是好情绪，还是坏情绪，总随着自己的心情即兴发挥，当坏情绪到来时，往往得罪了朋友，自己也变得不快乐，真是不划算的事情。

所以，我们要经常注意自己的情绪，注意自己所处的精神状态。当自己心情愉悦时，觉得生活既幸福又美满，一天到晚都充满快乐。这时，任何事物在自己的心中都是美好的。一些生活琐事也能得到圆满解决，与别人之间的关系也是融洽快乐的。反之，当我们情绪低落的时候，生活又变得严峻和残酷，我们可能感觉生活到处都是危机，总会主观地臆断周围的人和物，感觉眼前的一切都是不协调，就好像这个世界总是在与自己作对。

其实，细想一下，自己就会发现，生活绝不像我们想像的那样，原因在于我们的主观臆断，我们可以做到不发脾气，不感到失落，不说丧气话。我们要学会自我调节。我们还要认识到，不要因外界环境的变化而影响我们的心情。

学会自我调节，可以使我们的生活更轻松、更愉快；可以使我们远离那些忧郁、悲痛、焦虑等不良的情绪。所以说，善于疏导自己的情绪，正确面对现实，以正确的态度适应各种环境和问题，增强自己的承受力，我们才能保持快乐的心情。

与忧虑的内心深度对话

一定的忧愁、痛苦或烦恼，对每个人都是必需的。一艘船如果没有压舱物，便不会稳定，不能朝着目的地一直前进。

人常常担忧，却不知道原因。事实上，有这种感觉的人很多，它一直困扰着我们，让我们焦头烂额，夜不能寐。

其实，忧虑大多来自未来可能发生的事，也就是现在还不存在的事。犹太人有句谚语：“只有一种忧虑是正确的，那就是为忧虑而忧虑。”的确如此，忧虑是无济于事的，只会让我们被烦恼牢牢困住，在原地打转。

忧虑是会自我增强的。亚瑟·史马斯·洛克说过："忧虑是流过心头那条汇集恐惧的小溪。如果水流增加，它就会变成带动思绪的河川。"所以绝不可以对这个问题掉以轻心，应该找出产生忧虑的原因，并及时将其克服。

忧虑对我们是有害的，它不但会削弱内心的勇气，还会对身心健康产生不利的影响。一个人如果整日生活在忧虑之中，就很难体会到生活的快乐。哪怕所有一切已经很完美了，他们还是在担心。仿佛担心已成为他们的一种工作，是没有办法摆脱的。

如果你也有这种情况，就要赶紧将其根除。因为它会污染我们情绪的源泉，让我们时刻生活在恐慌之中。而这种恐慌的情绪又会被带入工作之中，使我们工作起来没有效率、无精打采。而这又加强了我们的忧虑，从而使我们陷入一个恶性循环之中。

有位名人曾说过："麻烦就像婴儿一样，有人照顾就越长越大。"因此，对待它的最好办法就是不予理会。当头脑中出现这种想法之后，要学会及时转化注意力。你不再去触摸它、咀嚼它，它自然也就不会对你造成任何伤害。

对待忧虑，拿破仑·希尔每周都会给自己安排下一定的"忧虑时间"。在这个时间之内，他会集中考虑那些让自己感到不安的事情，而其他时间则全身心地投入工作之中。但大多数时候，到了"忧虑时间"时，那些曾经让他感到烦心的事情却不复存在了。

我们也可以试着学习这种方法。如果当真无法排除这种情绪，就抽出特定的时间给它，而在其他的时间内就要全身心地投入到工作中去。但是，切记不可把“忧虑时间”安排在就寝前一小时内，那样会对你的身体带来不利的影响。

事实上，忧虑对我们改善状况不会有任何作用，只会让我们陷入一种混乱当中，从而使我们没有办法静下心来专心思考问题。不过有时适度地忧虑也会给我们带来好处。它会调节我们过热的头脑，不至于被胜利冲昏了头脑。也会督促我们不断地取得进步。因此，它可以成为我们精神生活的一剂调味品。但如果让它完全统治了你的思想，那么就是有害的了。

关于忧虑，一些心理学者结合他们自身经历和众多调查结果，找出了下面五个办法来克服：

第一，分析产生忧虑的原因。我们知道，要想治好疾病，就要学会对症下药，否则就难以取得疗效。对待心理疾病也是如此。你只有首先弄清产生忧虑的原因才能对症下药。其实在大多数情况下，我们的忧虑感都是多余的，事情远没有自己想象的那么坏。或许你可以让它先搁置一段时间，不去理睬它，等过一段时间去面对它时，它已经无影无踪了。

第二，对挫折有一个正确的认识。挫折，是每个人都会遇到的，一定要以正确的心态来面对。从某种程度上讲，挫折对我们的人生有一种积极的意义。它会让我们对世界的认识越来越深刻，也会让我们自身的能量得到进一步的释放。

一个饱经沧桑的人，在生活面前会比常人更勇敢、更有智慧。相反，一个没有经历过磨炼的人，就会像温室中的花朵，很难取得大的成绩。所以，我们要换一种心态来看待困难。当你调整好自己心态时，也自然就没有什么可担心的了。

第三，适当转移注意力。如果你的头脑里出现了一些消极的思想，要学会及时转换自己的注意力。消极思想就像一个任性的孩子，你越是招惹他，他越会没完没了；当你背过脸去时，他也就无能为力了。可以攫取生活中一些快乐的事情，一些温馨的回忆，来代替那些不快的事情。慢慢地，你的烦恼也就会烟消云散了。

第四，建立信心。我们之所以会忧虑，是因为我们对自身的能力有所怀疑，是因为我们对自己不是很自信。一个有信心的人，就会有勇气面对生活中各种各样的困难。当然，信心的建立需要一个很长的过程，它也需要我们经过不断地锻炼才能建立。当你建立起信心的时候，心智就会变得更加成熟，忧虑也自然会消失了。

第五，多交益友。人类除了物质需求之外，还需要精神支撑。而朋友可以满足我们精神需求。一个交友广泛的人，心胸自然也广阔，他的学识会随着交往的增多而增长，遇到困难时，会得到更多的援助。因此，在面对困难时就会更有信心，忧虑自然减少了。

你若不勇敢，谁替你坚强

我们必须有恒心，尤其要有自信力！我们必须相信我们的天赋是要用来作某种事情的，无论代价多么大，这种事情必须做到。

生活需要有取有舍。学会放弃是一种以退为进的聪明，也是一种处世哲学。

世界上的放弃有好多种，但最愚蠢的放弃，就是放弃自己。如果连自己都放弃了自己，那么别人还能要求我们做什么呢？

古时候，有一个人，家里有一妻一妾。此人家境并不富裕，生活经常捉襟见肘，但令人奇怪的是他每次出门总会酒足饭饱地回来，并带回一些可口的饭菜给两个人吃。妻子和小妾感到奇怪，便问他与什么人一起吃饭。丈夫回答说都是一些富贵之人。妻子暗中与小妾说："从不见家里有过富贵之人登门。下次他出去我一定要弄个清楚。"

丈夫又一次出门，妻子悄悄地跟在他身后。只见丈夫跑到城南的祭祀之地，向那里的人讨要些东西。妻子回来之后哭着对小妾说："想不到我们一向敬重的丈夫居然会做这样的事情。"说完，二人抱头痛哭。

每个人都会遇到挫折，这可能会是懦弱者自怨自艾、自我毁灭的理由，也可以成为坚强者发愤图强的动力。

罗伯特·巴拉尼出生于维也纳，父母都是犹太人。他年幼时患了骨结核病，由于家庭经济不宽裕，无法根治，最后使他的膝关节永久性地僵硬了。父母为此很伤心，但是懂事的巴拉尼却一直安慰父母："你们不用为我担心，我完全像健康人一样可以成就事业。"

从那以后，他发奋读书，成绩一直名列前茅。18岁那年，他进入了维也纳大学学医，并于1900年获得了博士学位。毕业后，他留在维也纳大学耳科诊所工作，当一名实习医生。他工作努力，得到了该大学著名医生亚当·波利兹的赏识，对他的工作和研究给予了极大的指导。巴拉尼对眼球震颤现象进行了深入的研究和探讨，经过三年的努力，于1905年发表了题为《热眼球震颤的观察》的研究论文。这篇论文的发表，引起了医学界的关注，标志着耳科“热检验”法的产生。他继续进行深入地研究，通过实验证明内耳与小脑有关，以此奠定了耳科生理学的基础。

1909年，亚当·波利兹病重，他主持的耳科研究所的事务以及在维也纳大学担任耳科医学教学的任务全部交给了巴拉尼。巴拉尼并没有被繁重的工作压垮，他不但出色地完成了工作任务，还对自己的专业进行了深入研究。后来，他先后发表了《半规管的生理学与病理学》和《前庭器的机能试验》两本著作。由于他的突出贡献，奥地利皇家授予他爵位，并于1914年获得了诺贝尔生理学及医学奖。

巴拉尼一生发表的科研论文共有184篇，治疗了好多耳科绝症。他的成就卓越，当今世界上探测前庭疾患的试验和检查小脑活动及其与平衡障碍有关的试验都是以他的姓氏命名的。

“自古英雄多磨难”，挫折并不可怕，可怕的是自己抛弃了自己。

马克思曾经说过，伟人之所以高不可攀是因为你自己跪着。所以，如果你想变得像他们一样伟大，就请你站起来！

生活，是需要一些波澜的，否则，就会成为一潭死水；人生的滋味，也是酸甜中夹杂着苦辣。我们应该感谢困难、挫折让我们尝到了人生百味。

请记住：每个人都是高贵的。记住别人的高贵，就会学会尊重别人；记住自己的高贵，才不会亵渎自己！

不放任自我，不否定自己

你若说服自己，告诉自己可以办到某件事，或许这事是不可能的，你也可能办得到，不论它有多艰难。相反的，你若认为连最简单的事也无能为力，你就不可能办得到，鼹鼠丘对你而言，也变成不可攀的高山。

对自我形象颇有研究的麦斯维尔·马尔兹医生曾说过，世界上至少有95%的人都有自卑感。为什么呢？有句话叫作“金无足赤，人无完人”，也就是说我们每个人都不是完美的，都有缺陷。这种缺陷在别人看来也许无足轻重，却被我们自己的意象放大，而且越是优点多的人，越是我们觉得完美的人，他们对自身的缺点看得越严重。另外一点就是，我们经常拿自己的短处来比较别人的长处。其实优点和缺点并不是那么绝对的，就像自卑，具有自卑性格的人通常也比较内向，但内向也有内向的好处。内向的人，听的比说的多，易于积累。敏感的神经易于观察，长期的静思使得他们情感细腻，内敛的锋芒全部转变为深厚的内秀心智，而温和的性情又让他们更容易地亲近别人。所以从某种意义上说，缺点也是可以转化为优点，就看你自己怎么去看待。其实，从某种意义上说，缺陷也是一种美。就像"断臂"维纳斯，虽然失去了双臂，却从严重的缺陷中获得了一种神秘的美。

首先我们应该从心理上认识到世上完美的事物。大海还有涨潮和退潮，月亮还有阴晴和圆缺，又更何况人类呢？就在这种不完美的状态下，我们寻找着欢乐，向不完美发出挑战，在力所能及的范围内做得更好，以接近完美。

卢梭说过："种种优劣品质，构成了生命的整体。"正是因为我们都不完美，所以才有了发展的空间。人的一生，就是同自己的一场战斗，不停地挑战自己、改善自己、完善自己，所以，人生才变得有意义。

美国总统罗斯福小时候是一个非常胆小的男孩，总是显露着一种惊恐的表情，甚至背课文也会双腿发抖。但这些缺点没有将他打垮，反而让他更加努力地改进自己。他从来不把自己当作不健全的人看待，他像其他强壮的孩子一样做游戏、骑马或从事一些激烈的运动。他也像其他孩子一样以勇敢的态度去对待困难。在未进大学之前，他已经通过系统的运动和生活锻炼，将健康和精力恢复得很好。他努力改进自己，以至于晚年，已很少有人能够意识到他以前的缺陷，他也因此而成为最受美国人民爱戴的总统之一。

要想成功，我们首先要做的就是战胜恐惧。一个人的心中少了“害怕”这两个字，许多事情会好办得多。

玛丽亚·艾伦娜·伊万尼斯是拉丁美洲的一位女销售员，她在20世纪90年代被《公司》杂志评为“最伟大的销售员”之一。在女性地位还比较低的时代，她是怎样做到这一点的呢？

她曾在三个星期中旋风般地穿行于厄瓜多尔、智利、秘鲁和阿根廷，她不断地游说于各个政府和各个公司之间，让它们购买自己的产品。而在1991年，她仅带了一份产品目录和一张地图就乘飞机到达非洲肯尼亚首都内罗华，开始了她的非洲冒险。她经常对别人说：“如果别人告诉你，那是不可能做到的，你一定要注意，也许这是你脱颖而出的机会。”所以她总会挑战那些让人望而却步的工作，而这种毫不畏惧的精神，也让她成为南美和非洲电脑生意当之无愧的女王。

忘却“恐惧”，可以给我们破釜沉舟的勇气。当年的项羽，就是用这种办法激发了三军将士的勇气，在与强大的敌军较量时取得了胜利，并成就了“楚兵冠诸侯”的英名。无独有偶，西班牙殖民者科尔在征服墨西哥时也用了同一战略。他刚一登陆就下令烧毁全部船只，只留下一条船，结果士兵在毫无退路的情况下战胜了数倍于自己的强敌。

有时，我们需要的就是那么一种勇气。面对任何困难都不逃避，就算遇到再大的困难也不说放弃。

当你静下心来，检查自己失败的原因时，可能会有一个惊人的发现，那就是战胜自己并不困难，原因在于内心的恐惧。每当遇到困难时，耳边总会有一个声音对我们说：“放弃吧，那根本就是不可能的事。”于是，在这个声音面前，我们内心的勇气一点点消退，我们的信心一点点丧失。人的潜能是无限的，它足可以使我们创造出所有的人间奇迹。而大多数人之所以没有办法将自己体内潜藏的能量激发出来，就是因为怀疑和恐惧动摇了他们的信心，以至于阻碍了潜能的爆发。当你试着抛却恐惧、树立信心、拿出勇气之时，或许你会取得连自己都感惊讶的成绩。

怎样才能让自己更加有勇气呢？

首先，你必须从心理上承认自己，接受自己。你要从心里告诉自己“我能行”，然后你也许真的能够做到。这就是心理暗示的重大作用。

心理暗示的作用是很大的。一遍遍地告诉自己“我能行”，大脑便会接受这种意识从而做出积极的反应。如果从心里否定自己，那么大脑也会接受这种意识从而做出消极的反应。在前进的道路上总会遇到各种各样的挫折，这就要求我们必须用一个良好的心态去面对。在困难和问题面前，不要轻言放弃，不要因为一句“我不行”就与成功失之交臂。

其次，以正确的心态来面对失败。失败是每个人都会遇到的事，没有人可以避免。有时可能是由于我们自身的原因，有时可能出于客观因素。对此，我们应该用一种正确的心理来看待。不能因为一两次失败就完全否定自己。如果你连承受失败的能力都没有，那么也绝对不会成就多么辉煌的业绩。因为失败是通向成功的阶梯，如果你总是将它拒之门外，那么成功也就与你擦肩而过了。当然，我们也不能对其持一种漠视的态度，那样只会让我们重复同一个错误。正确的做法应是，找出失败的原因，并寻找解决的办法。能够接受失败，本身就是一种勇气。当你学会面对失败时，你也就会拥有许多勇气了。

成功者，往往都是擅于挑战自己的。自己，往往是最可怕的敌人。战胜敌人的人，我们称之为英雄；而战胜自己的人，就可以成为圣人了。让我们勇敢地挑战自己、超越自己。当你真正做到这一点时，成功也就近在眼前了。

03

自我约束：
管住情绪是深度的自律

3

如果你在小事没办法约束自己，你在大的事情也很可能不约束自己。

——巴菲特

你的浮躁，只因见识太少

最好的心境，是静心和沉稳。水面静，才能映出完整的月亮，心静才能接受宇宙良好的信息和能量。

接受良好的信息，才有良好的心态，心态决定成败和苦乐;接受良好的能量，是养生的最佳途径。心静者不浮躁，沉稳者不轻浮。

我们的心灵需要我们自己主宰，最好的方法就是让心静下来。而且，大凡取得成功的人，他们每天都把静心当作自己的必修课。他们有这样的行为方式，是因为他们明白，静心的力量是非常强大的。

静心能够平息你的焦虑，能够帮助你控制思想，并且让身体恢复活力。你无须特意找一些时间来静心，刚开始只要每天坚持3~10分钟，你就会在控制思想上产生不可思议的效果。

也许世界的变化太快，不知不觉中人与人之间变得陌生，变得多疑。让自己的心平静下来，不要让浮躁操纵了我们的内心世界，我们或许就能对别人有几分理解，人与人之间的距离也会在不知不觉中消失。

在一个招聘会上，一个招聘单位收到的84份大学毕业生自荐表中，发现有5人同时为同一学校的学生会主席，6人同时为同校同班的“品学兼优”的班长。但是走进大学校园里调查一下，发现有人把别人的英语等级考试证书、计算机等级考试证书、奖学金证书、优秀学生干部奖状以及发表过的文章，改头换面，就变成了自己的“辉煌经历”……更有甚者，有的女大学毕业生为了吸引用人单位的注意，以期能够被录用，竟然将自己的简历搞成了豪华本的艺术照图片集。

当用人单位面对这些五花八门的面试简历，慨叹“现在的大学生真的很浮躁”时，反过来想一想，用人单位难道就不浮躁吗？要人就要塔尖上的人才，要求一到单位就能文能武，十八般武艺样样精通，最好能够马上创造出效益。对求职者提那么高、那么偏的要求，那不是逼着他们为自己涂脂抹粉、造假注水吗？否则他们何时才能找到一份可以养活自己的工作呢？

说到这里，我又想到了高考。应该说，高考语文的作文比在一定程度上折射当今社会的心态。记得某一年的高考命题作文是《假如记忆可以移植》，这是当今社会很多年轻人的梦想，要是不用费劲就能一下子变聪明就好了，头脑发热中，大家都忘记了从量变到质变的道理，宁愿相信立竿见影。他们甚至渴望科学家们能发明“知识注射液”，在数秒钟内使自己成为天才，这与人们的焦灼与浮躁有很密切的关系。

我们还可以从社会生活的各个侧面来看一下，浮躁的心态无时不在，无处不在，有精心制造“皇帝的新衣”的浮躁，有“移花接木”“经济实惠”的浮躁，更有“信手拈来一挥而就”的浮躁。

这种浮躁具体到每个人身上时，不外乎是这样的表现：做事情三心二意、朝三暮四、浅尝辄止；东一榔头西一棒槌，既要鱼，也要熊掌；这山望着那山高，静不下心来，经不住诱惑，耐不住寂寞，稍不如意就轻易放弃，从来不肯为一件事倾尽全力。但究其实质，体现的就是急于求成、渴望结果的一种心态。

现代社会是一个充满诱惑的时代，物欲横流、香车美女、豪宅别墅，抵制诱惑需要非一般的定力。然而，在这个流光异彩的大千世界里，人们似乎都难以抑制那颗躁动的心，各种诱惑都在簇拥着你义无反顾地冲向前面。这种种诱惑中有虚无缥缈的名，有金光闪闪的利。这令人眼花缭乱的名利，是让人浮躁的根源。

我们是凡人，不可能对诱惑完全无动于衷。但是，当面对纷繁复杂的诱惑，需要我们做出选择的时候，我们是沦为名利的奴仆，还是面对真实的自我？如果我们被名利牵引，那我们就经不住浮躁，会被浮躁锁住。

心理学家认为，焦灼与浮躁，通常是动机水平和焦虑程度过高的表现。图安逸，避劳神，敷衍塞责，惰性膨胀，怀着浮躁的心态走得远了，很容易导致理性的迷失，成为一种病态的人格。欲速则不达。

所以，心理学家提醒人们，成就某事的动机水平和焦虑程度应适度。任何事情都有其规律和顺序。人生宏大的目标应当以诸多小目标为基础。当我们被烦恼困扰时，重要而关键的是排遣出心中的郁闷，让浮躁的沙砾沉淀下来。

在现代社会中，给自己浮躁的心一点儿清凉，并不是要锁住我们奋发向上的雄心，而是要锁住我们永不知足的贪欲；锁住浮躁，不是要锁住我们勇往直前的进取，而是要锁住我们投机取巧的经营；锁住浮躁，不是要锁住我们挥汗如雨的努力，而是要锁住我们无聊的攀比。

在我们的整个生命旅程中，如果我们不能控制浮躁，人与人之间的距离就会慢慢地变大。只有让我们的心始终在平和中度过，我们的生命才会变得更加丰富多彩。没有人希望自己的一生是在平淡无奇、庸庸碌碌中度过，那样总觉得枉来人间。

当然，要想锁住浮躁，就需要我们有一种做大事的决心和旷日持久的恒心。这是一种内心的修炼，更是一种定力，需要我们长久地坚持。我们只有在短短的人生之旅中锁住了浮躁，才能战胜人生路上的一大劲敌。从而在这个基础上，我们将一路披荆斩棘，慢慢成长，不断为人生赢得更大的辉煌和成功。

优秀的人都和自己死磕

快乐是人创造出来的，就像烦恼是自己寻来的。快乐的人有一颗青春的心，青春是生命之泉。一个聪明的人，他会争取让自己快乐。快乐是最好的药，没有副作用。

人都是有杂念和欲望的，很多时候，利欲与浮躁是人心灵的珠丝网，让很多人因图一己之欲而贪赃枉法，见利忘义，慷国家之慨，饱自己私囊。有多少人利用不义之财，挥霍无度，放浪形骸，而最终落得身败名裂，锒铛入狱，成为人们不齿的罪人。他们利欲熏心，给自己及家人造成无法解脱的压力。因此，我们应该绕开物欲与浮躁，带着一颗清静的心走完人生之路。

心性浮躁不是谁的错，但是我们应该明白，天堂里万般皆乐，地狱里万般皆苦，唯有在居于二者之间的地球上我们才能苦乐皆具。我们生活在两个极端领域之间的地方，这里祸福无常，人不可能永远幸福，也不可能终身受苦，只要我们学会坚持，学会等待，生活就会呈现另一番景象。

诗人之所以为诗人，是因为他们的眼睛和心灵不同于其他人。下面是台湾一著名诗人讲的自己的亲身经历。

我是在火车上遇见他的，他是位英俊少年，我是穿白毛衣的孤身少女。他的面前堆着很多金灿灿的橘子。我很渴，可我买不到水果和饮料。我把脸扭向窗外。

“这橘子还真不错。”我听见他对我自言自语。我知道他是希望我能接上话，然后顺理成章地给我橘子。可万一他是人贩子，是道貌岸然的流氓，万一他居心不良，在拿我开涮……我闭上了眼睛。

他该下车了。橘子仍耀眼地堆在那儿。

“你的橘子！”我喊。

“帮我把它们‘枪毙’了吧。”他笑道，“我的行李够重了。”

又过了两站，我下了车。正匆匆地在站台上走着，忽然听到有人问：“橘子好吃吗？”

我回头一看，少年正坐在另一节车厢的窗旁，没有下车。

生活永远不会因为你而改变自己原有的运行规律。有时候等待是一种生命的过程，是一种必经的考验，一味地急于求成，往往只会事与愿违。在生活面前，我们能做的就是心平气和地去享受生活给予我们的一切。该来的终究会来。

从前有个年轻的农夫，他要与情人约会。小伙子性急，来得太早，又不愿等待。他无心欣赏那明媚的阳光、迷人的春天和娇艳的花朵，却急躁不安，一头倒在大树下长吁短叹。

忽然，他面前出现了一个侏儒。

"我知道你为什么闷闷不乐，"侏儒说，"拿着这颗纽扣，把它缝在衣服上。你要是遇到不得不等待的时候，只要将这颗纽扣向右一转，你就能跳过时间，要多快有多快。"

这倒合小伙子的胃口。他握着纽扣，试着一转：啊，情人已经出现在眼前，还朝着他暗送秋波呢！真棒啊，他心里想，要是现在就举行婚礼，那就更棒了。他又转了一下，隆重的婚礼，丰盛的酒席，他和情人并肩而坐，周围管乐齐鸣，悠扬醉人。他抬起头，盯着妻子的眸子，又想，现在要是只有我俩该多好！他悄悄转了一下纽扣，立时夜阑人静……他心中的愿望层出不穷，我要座房子。他转动着纽扣，夏天和房子一下子飞到他眼前，房子宽敞明亮，正在迎接主人。我们还缺几个孩子，他又迫不及待，使劲转一下纽扣，日月如梭，顿时已儿女成群。

至此，他再没有要为之而转动纽扣的事了。回首往日，他不胜追悔自己的性急失算，不愿等待，一味追求满足眼下。因此他过早地衰老，风烛残年，他才醒悟，即使等待，在生活中亦有其意义，唯有如此，愿望的满足才更令人高兴。

此时，他多么希望时间可以倒流啊！他从梦中醒来，睁开眼，自己还在那棵生机勃勃的树下等着可爱的情人。现在他已学会了等待。一切焦躁不安已烟消云散。他平心静气地看着蔚蓝的天空，听着悦耳的鸟语，逗着草丛里的甲虫。此时，对他来说，等待是一种莫大的快乐。

人活一世，每个人都希望活得精彩灿烂，人们不甘于等待，也不甘于平淡，然而往往越是有太多想法和欲望，越让人们止住了前进的脚步。太多的诱惑，比如金钱、美女成群、豪华的享受，等等，牢牢地束缚住了人们，在没有感受到快乐的时候，烦恼和痛苦就已经随之而来。因此，一个人只有先扫清自己心里的杂念，才有可能获得真正的自由。

有两个人得到了仙人的真传，用喜马拉雅山上纯净的雪水和上好的材料浸泡成一壶酒，封在酒坛子里七七四十九天，等到第五十天清晨的三遍鸡鸣后打开，便可得佳酿。

为了得此佳酿，这两个人寸步不离地守在酒壶旁，度过了四十九个日日夜夜。终于熬到了第五十天清晨，第一遍鸡鸣，第二遍鸡鸣，接着便是等待第三遍鸡鸣，虽然只是一会儿工夫，却感觉像几十年那么长。

第一个人实在忍不住了，迫不及待地撕掉壶嘴上的封条往里面一看，立即惊呆了。原来，他得到的并不是什么仙露琼浆，而是一汪青色的酸水。

这时，第三遍鸡鸣啼过了，第二个人打开了瓶子，终于得到了千古难求的佳酿。

第一个人肯定很难过，漫长的50天都已经熬过了，但是就因为太心急，最后全都化为乌有了。如果再给他一次机会，真希望他能坚持到第三遍鸡鸣之后。

“谁笑到最后，谁才是真正的胜利者。”其实，等待也是坚持不懈的一种表现。很多时候成功的秘诀很简单，它并不在于个人的天资是否聪慧、是否有谋略、是否有勇气，而在于能不能坚持到最后一秒。所谓“坚持就是胜利”，有的时候仅仅是几秒钟，就可能与成功擦肩而过，比如第一个急躁的人。

生活是有规律的，需要等待的时候，你最好心无杂念耐心地等下去。

别让失败情绪发酵成心理问题

挫折也是我需要的，它和成功对我们一样有价值，只有我们知道做一件工作的错误方法之后，我们才能知道它的正确方法。

每个人都想成功，但并不是每个人都可以如愿以偿。成功只属于生活的强者，要做生活的强者，获得事业上的成功，必须战胜人生道路上的艰难险阻，克服各种各样的挫折与坎坷，才能在泥泞的路上留下脚印，留下辉煌的印迹。

在人生的道路上，不经历风雨、起伏的人终究不会有任何收获，因为真正的成功是不会轻易取得的。

当我们经历了人生的风雨坎坷，老了的时候，回想往事，你会发现自己所经历的种种挫折使我们的一生变得有意义。正是我们所经历过的种种挫折，给我们留下了如此宝贵的财富，使我们的人生充满意义，值得回忆。

鉴真和尚刚刚剃度遁入空门时，寺里的住持让他做一名谁也不愿做的行脚僧。

有一天，日上三竿了，鉴真仍在大睡不起。住持很奇怪，推开鉴真的房门，见床边堆满了破破烂烂的芒鞋。住持叫醒鉴真问："你今天不外出化缘，堆这么一堆破芒鞋做什么？"

鉴真打了个哈欠说："别人一年一双芒鞋都穿不破，我刚剃度一年多，就穿烂了这么多的鞋子，我是不是该为庙里节省些鞋子？"

住持一听就明白了，微微一笑地说："昨天夜里下了一场雨，你随我到寺前的路上走走看看吧。"

寺前是一座黄土坡，由于刚下过雨，路面泥泞不堪。

住持拍着鉴真的肩膀说："你是愿意做一天和尚撞一天钟，还是想做一个能光大佛法的名僧？"

住持捻须一笑："你昨天是否在这条路上走过？"鉴真说："当然。"

住持问："你能找到自己的脚印吗？"

鉴真十分不解地说："昨天这路又干又硬，小僧哪能找到自己的脚印？”

住持又笑笑说：“今天我俩在这路上走一遭，你能找到你的脚印吗？”

鉴真说：“当然能了。”

住持听了，微笑着拍拍鉴真的肩，说：“泥泞的路才能留下脚印，世上万事莫不如此。那些一生碌碌无为的人，不经风，不沐雨，没有起，也没有伏，就像一双脚踩在既平坦又结实的大路上，抬起脚步，什么也没有留下。而那些经风沐雨的人，他们在苦难中不停跋涉，就像一双脚行走在泥泞里，他们走远了，但脚印却印证着他们行走的价值。”

正如住持所说的，人的一生绝不可能是一帆风顺的，有人会有成功的喜悦，也有人会有扰人的烦恼、布满荆棘的坎坷与险阻。在挫折和磨难面前，畏缩不前的是懦夫，奋而前行的是勇者，攻而克之的是英雄。唯有与挫折做不懈抗争的人，才有希望接到成功女神高擎着的橄榄枝。

对于渴望成功的人来说，挫折是一片惊涛骇浪的大海，你既可以在那里锻炼胆识、磨炼意志、获取宝藏，也有可能因胆怯而后退，甚至被挫折吞没。但是，要想成功，你就要做一个敢于直面挫折坎坷的人。正如鲁迅所说：“伟大的心胸应该表现出这样的气概：用笑脸来迎接悲惨的厄运，用百倍的勇气直面一切不幸。”

泥土将种子深埋，但是种子只有在泥土之中才能生长，泥土既是它发芽的障碍，但更是它生长的基础和源泉。瀑布迈着勇敢的步伐，在悬崖峭壁前毫不退缩，因与山崖的交结碰撞，造就了自己壮观的生命。

挫折是成功的前奏曲，是成功的磨刀石。因挫折而一蹶不振的人，是生活的弱者；视挫折为人生财富的人，才会勇攀成功的高峰。

罗伯特·麦瑞尔，这位已经演出了近5000场，曾经为9位美国总统演唱过的美国著名男中音，他那摄人魂魄、使人陶醉的美妙歌声，直到今天仍令千万人痴迷。但是很少有人知道，这位赫赫有名，在纽约布鲁克林贫民窟长大的小男孩曾经有着严重口吃。天知道他的成功是经过多少次战胜自己而换来的。

他在学校读书的时候，他连回答老师的问题都害怕，他回忆说："那时，我最害怕在全班同学面前被提问，只要我知道哪天我该被提问，我哪天就想逃学。万一我被提问了，我就要面对着全班同学站着回答问题。同学们都嘲笑我。"

当他战胜自己，最终凭借自己的努力站在万人大会场为歌迷演唱的时候，当他赢得了如雷鸣般的掌声的时候，人们或许只看到了他成功的光鲜亮丽的一面，但是其中的艰辛、无数次的失败，只有他自己知道。

小宋是知青子女，母亲体弱多病，一家四口的生活重担由他父亲一人承担。为了支持他和妹妹上学，父亲曾瞒着家人去卖血。可祸不单行，有一天他父亲因过度疲劳突然卧床不起，没几天就去世了。

家里失去了父亲这个顶梁柱，这对小宋来说，无疑是晴天霹雳。作为长子，生活的重担不可推卸地落在了他的肩上。面对突然而至的灾难，小宋也曾彷徨过、悲伤过，但他并没有被击垮，在政府和身边亲朋好友的共同帮助下，他克服了重重困难，并以优异的成绩考上了大学，最终顺利地完成了学业。

很多时候，看问题需要从不同的角度看。当我们失败时，如果我们换一个角度去思考，也许就会走出所谓的失败，走向成功。所以说，问题的关键不是失败，而是我们以一种怎样的心态看待失败。

古时候，有一位国王，梦见山崩了、水枯了、花也谢了，便叫王后给他解梦。王后说："大事不好。山崩了，指江山要崩；水枯了，指民众离心，君是舟，民是水，水枯了，舟也不能行了；花谢了，指好景不长了。"国王听后惊出一身冷汗，从此患病，且愈来愈重。

一位大臣参见国王，国王在病榻上说出他的心事，哪知大臣一听，大臣说："太好了！山崩了，指从此天下太平；水枯了，指真龙现身，国王，你就是真龙天

子；花谢了，花谢了结果呀！”国王听后，顿感全身轻松，很快大病痊愈。

失败就像一条瀑布，看上去飞流真下、不可阻挡，但是它却挡不住人们的智慧和勇气。人可以让其改变方向，朝着人们期待的目标潺潺而流。当失败到来时，我们一定要静下心来，坦然面对它。那么，当我们从另一个出口走出去时，就有可能看到另一番天地。

给我差评的人，我给他点了个赞

人类需要宽容，而懒惰、无知、自私就不会有宽容！个人的不宽容，不会制造监狱，也没有刽子手；而官方的不宽容，一旦发起脾气，便可以置无辜人于死地，也从不采取任何补救的措施。

人活着，最难得的就是有一颗宽容之心。宽容自己，也宽容他人。生活就是五味杂陈，不可能让我们事事都如意。所以，当面对不如意的时候，需要我们用宽容的心境去对待。

宽容是一种大度、一种涵养。心胸狭窄的人不可能具备宽容之心，他们甚至会对自己小肚鸡肠，斤斤计较，所以就不能指望他们会去宽容别人了。另外，见利忘义的人也不可能宽容别人，只求索取而喋喋不休。真正的宽容，是一种积极的生活态度和高尚的道德观念，只有具有一定修养和气度的人才能拥有一颗宽容之心。

因此，不是所有的人都会宽容。宽容的人，总是以友善的目光去看待人们，看待动物和花卉；宽容的人，总是在琐碎的生活中感到充实和丰盈；宽容的人，总能把平淡的日子点缀得丰富多彩，充满情趣；宽容的人，总是对生命心存感恩和怀念；宽容的人，也有说不出的痛，诉不完的苦，只是他善于把痛苦锤炼成诗意；宽容的人，也有很多不顺利的时候，只是他懂得暂时休整或者避开弯路。

古人云："夫宽以容物，物必归焉；克刻太精，则鄙吝心生而不自觉也。故大人荡然放物于自得之场，不苦人之能，不竭人之观，故四海之交可全矣。"

另有"将相顶头堪走马，宰相肚里可撑船"的格言。由此可见，中国人自古就以恕仇为美德。

西方哲学家也曾这样说："世界上最大的是海洋，比海洋大的是天空，比天空大的是胸怀。"可见，古今中外，皆以肚量襟怀喻人之宽容，颂人之品格气度。

以德报怨是佛家教诲，有人则问儒家圣人孔子："以德报怨，何如？"

孔子说："何以报德？以直报怨，以德报德。"

儒家教诲人们宽以待人，表面上像是为别人，实质上有利己色彩。儒家以仁爱求得人际的和睦相处，其实这种仁是以利己为目的的。

比如，子张问：“何以为仁耳？”

孔子曰：“能行五者于天下为仁矣。”

这里的五者就是“恭、宽、信、敏、惠。恭则不侮，宽则得众，信则人任焉，敏则有功，惠足以使人。”

孔子坦言，其利己之处昭然若揭。宽则得众，因而欲得众者必须宽厚。领导者最欲得众，故领导者最能显得宽。翻开历史古籍一看便知，凡是有点成就的领导，无不具备宽容的气度。

宽容别人的无礼或过错，会使对方欠你一笔人情债，而后能收到意外收获。“吃得亏，坐一堆；要做好，大做小”就是这个意思，看来这种“好好先生”还是做得。

对于宽容，林语堂有自己的独到见解。他曾说：“宽容是中国文化最伟大的品质，它也将成为世界文化的最伟大的品质。”

从儒家的角度来说，宽容是协调人际关系艺术的最重要的组成部分。而宽容在生活中的具体运用就是随和。用孔子的话说便是：毋意，毋固，毋必，毋我。意思就是这样也好，那样也罢，无可无不可，随缘顺势。这种性情随和之人，中国人称为“好好先生”。

后汉司马德操可谓是名气最大的好好先生，也许很多人对他的名字感到陌生，他就是在《三国演义》中为刘备荐诸葛孔明的水镜先生。

有人问司马德操："安否？"

他说："好。"

有人向他诉说孩子死了，他说："大好。"

其妻责怪他说："人经君有德，故此相告，何闻人子死，反亦言好？"

他却说："卿之言亦大好。"

正因如此，司马德操的"好好先生"之名才得以流传至今。

其实，司马先生何尝不能明辨是非得失，不过是不屑细究生活琐事而已。人的随和虽不必趋近司马德操，但这点精神在为人处世时还是有益处的。

人活一世，谁都希望求得一个圆满结局，但是这要看我们是否都能够有一颗宽容之心。因为宽容的人总是活得轻松自如、从容洒脱，他们因宽容生活过去赐给他们的不幸和挫折，而倍加珍惜今天的时光；他们虽然是完美的人，但是却因宽容工作环境的艰苦，而懂得世界上没有平凡的环境，进而做好自己的工作，为社会做出应有的贡献。他们经常宽容别人而从不宽容自己，因为他们比谁都清楚：宽容别人是尊重，宽容自己是放纵；没有宽容的社会，不是文明和谐的社会；只有充满宽容的世界，才不会充满疯狂的行为与邪恶的斗争。

在我看来，宽容的真谛，在于给人创造一个友爱的环境而不伤害各自的独创性。为了友谊而掩饰对方的错误，从而保持一团和气，那不是宽容；为了亲情而原谅对方的缺点，求得彼此相处融洽，那不是宽容；为了爱情而失去自己的主见只是附和，那不是宽容。宽容不是迁就，不是委曲求全，不是忍让……真正的宽容，是精神上的大彻大悟，是行为上的拿得起，放得下。

和自己比你还差了一点点

态度决定成败，无论情况好坏，都要抱着积极的态度，莫让沮丧打击热心。生命可以价值极高，也可以一无是处，看你怎么去选择。

在生活中，人们会因各种原因出现不平衡心理，这种心理对你心境的危害是非常大的。如果处理不好，我们的生活就将时时处于灰暗的心境之中，最后不但将自己的一生毁了，而且还会影响身边的人。

我们在这个大千世界中生活，身边每时每刻都会出现各种各样的人，他们有的怯懦、优柔寡断、害羞内向；有的坚强果敢、胸怀大志、热情开朗；有的面对危险过度紧张、焦虑烦躁；有的则是喜欢挑战，迎难而上，并一直是胜者。正所谓千人千面，现实也的确如此。其实，造成人与人之间这种种差别的是个人心境的不同。

每个人的心中都有一个美好的愿望，但并不是每个人都有机会实现它。其实这个世上的事都是很奇怪的，有顺心，也有不如意，没有人会一直顺利下去。其实，无论是顺境，还是逆境，只要你用一颗平常心来对待，你就会给自己找到一片快乐的天地。这就是人们常说的，我们无法让社会来适应我们，但我们能通过改变自己去适应社会。我们只有先改变自己，才有可能改变环境。当然，我这么说，并不是说我们对社会与环境束手无策，只能任其摆布。我的意思是，我们一定能找到解决问题的办法，最终实现自己的梦想。

现实生活中，不平衡的心理在每个人的内心世界都或多或少地存在。朋友做了官、同学发了财、小王换了新车、小李买了别墅……这些都有意无意地刺激着你，如果你自认为比他们聪明、能干，那么，严重的心理不平衡就会在你的心底偷偷作怪了。

通常这种心理上的不平衡会给人们带来严重的影响，它会让人在追求所谓的“公平”和“平衡”中陷入盲目的怪圈，甚至为此脱离道德的约束和限制，做出不理智的选择，落得追悔莫及的惨痛结局。

如果我们仔细观察，我们会发现身边有那么一种人，自己得到了一点利益就兴奋异常，遭受了损失就捶胸顿足；对待别人则反之。其实这样的人，虚荣心太强，又怎么会有健康的心理呢？如果我们不能自我遏制，稍不留意就会沉沦，甚至堕落下去，融入周围的恶劣环境、与卑鄙之人同流合污，去追求所谓的“得到”与“平衡”。最终，断送了自己的一生。

郭先生曾是一个政府部门的领导者，为人积极上进，对工作充满热情，而且曾因政绩突出不断受到提拔。但是后来，当他了解到过去的同事、同学、朋友的生活条件都比他好时，他的心里总觉得不是滋味，自认为能力不逊于他们，职位也比他们高，可是为什么钱赚得这么少呢？而且自己是一个领导，担子比他们重，责任比他们大，工作也比他们辛苦，经济上却不如他们。他越想，心里越是觉得不平衡。最终，他思想上警惕的闸门在不平衡心理的驱动之下终于打开了，他一定要超越他们。从此，在任职期间大肆收受贿赂，有如洪水倾泻而下，一发而不可收拾。最终，郭先生得到了他想要的东西，不但位高权重，而且收入与日俱增，为此他感到心满意足。可是他高兴得太早了，正值春风得意的时候，他的事情败露了，因触犯刑法成了一名阶下囚。

以上事例告诉我们，心理不平衡使得一部分人处于一种焦躁、矛盾、激愤的状态中，他们满腹牢骚、不愿进取，工作得过且过、心思不定，甚至铤而走险，玩火自焚，走上危险的道路。

通过正当的努力和奋斗去实现人生的自我价值，达到一种新的平衡，是值得称道和庆贺的；可是倘若一味地迷失在追求平衡的思想中，并为此变得不择手段，毫无廉耻、道貌岸然、膨胀自私，让身心处于一种失控的状态中，那就不可避免地会产生可怕的后果。由此，你的人生必将陷入一种更大的、难以回旋的逆境之中。

心理上能否获得平衡，关键是看你怀着一种什么样的心态，如果你的心理是阳光的、乐观的，那么即使是乌云密布的日子，你也同样会感受到风和日丽的美好。

罗伯特是美国著名的演说家，他的头秃得很厉害，几乎没有几根头发。在他过60岁生日那天，有许多朋友来给他庆贺生日，妻子悄悄地劝他戴顶帽子。罗伯特却大声说："我的夫人劝我今天戴顶帽子，可是你们不知道秃头有多好，我是第一个知道下雨的人！"罗伯特这种心态平和的话，一下子使聚会的气氛变得轻松起来。

人一旦有了不平衡的心理，就会看不起自己。往往不平衡心理越强的人，他的生活会越糟糕。而那些心理平衡的人，即使他身上存在着这样那样的缺陷，也不会影响他的生活。他会对自己的生活满怀信心，充满期待。

找不到出口就找平衡

水果的成熟不仅需要阳光，也需要凉夜。寒冷的雨水能使其成熟。人性格的陶冶不仅需要欢乐，也需要考验和困难。

在这个喧嚣的世界里，我们每个人都渴望获得心灵的平衡。“不以物喜，不以己悲”，这是一种宠辱不惊，达观超然的心态，这种心态可以让我们专注于自己的目标，不会因为一时得失而前功尽弃。找好自己心态的平衡点，我们才会活得更自在、更快乐。

有时候，失去不一定就意味着损失，失去也可能是一种获得。人生在世，有得就有失，有盈就有亏。有人说得好："得到了名人的声誉，就可能失去了普通人的自由；得到了巨额的财富，就可能失去了安枕而眠的自在；得到了生意的红火，就可能失去了大量的时间。"如果我们每个人都去认真思考一下自己的得与失就不难发现，失去与得到永远都是成正比的。

汉代司马相如所著的《谏猎书》有云："明者远见于未萌，智者避危于无形。"这也正是越王勾践十年"卧薪尝胆"的最佳诠释。

春秋时期，吴国军队把越国的军队打得落花流水，越王勾践被迫放弃了王位和自己的国家，忍辱负重，给吴王当了奴仆。三年以后，勾践被释放回国，他立志洗雪国耻、发愤图强，每天睡在草堆上，吃饭前先尝苦胆的滋味，以不忘亡国之耻。公元前473年，勾践率领大军灭了吴国，做了春秋时期最后的一个霸主。

后人对勾践的精神崇拜不已，我们学习他，从他的身上汲取与逆境抗争的勇气和力量。因为我们知道，在现实生活中，我们也需要有一种敢于失去的勇气。当你与人发生矛盾或冲突时，如果不是什么原则性的问题，你完全可以放弃争强好胜的心理，甚至甘拜下风，就可能化干戈为玉帛，避免两败俱伤；当你在家庭生活中发生摩擦时，放弃争执，保持缄默，就可以唤起对方的恻隐之心，使家庭保持和睦温馨。

有时候，不计较那么多，放过对方，也是在成全自己。人，贵在怀有一颗宽容之心。

以前有一位国王，他缺手断腿，但他很爱面子。他很想将他那副尊容画下来，留给后代子民瞻仰，于是就派人请来全国最好的画家。

那个画家的技术确实是第一流的，画得很逼真，栩栩如生，把国王的所有特点都很传神地刻画了下来，但是，国王看了之后却不是很高兴，反而难过地说："我这么一副残缺相，怎么传得下去！"一怒之下，就把这位画家给杀了。

于是，又请来第二位画家，因有前车之鉴，第二位画家不敢据实作画，就把他画得圆满无缺，把缺的手补上去，把断的腿补上去，国王看了之后更难过，生气地说："这个不是我，你在讽刺我。"第二个画家也被杀了。

后来，国王又请来了第三个画家，第三个画家怎么办呢？写实派的被宰了，完美派的被宰了，他想了好久，突然急中生智，画像是国王单腿跪下闭住一只眼睛瞄准射击，把他的优点全部暴露，把他的缺点全部掩盖了。国王看了，心满意足地笑了，高兴地赏了第三个画家。

由此可见，拍马屁也不容易！要拍得恰到好处。这好像是一个笑话，其实在告诉我们要"扬长避短"，要多讲人家好的那一方面。

贬斥别人是错误的！表面上你贬斥别人好像占了便宜，其实错了，有得就有失，得就是失，失就是得，所以一个人最高的境界，应该无得无失。但是人们非常可怜，总是患得患失，未得患得，既得患失。我们的心就像钟摆一样，得失、得失，就这么摇摆，非常痛苦。塞翁失马，焉知非福呢？所以，我总觉得只要我们有一颗平衡的心，我们就能活得非常自在，就会看淡自己的所得与所失，也就不会在意别人对自己的看法了。

下面是唐代的两位智者寒山与拾得（实际上，他们是一种开启人的解脱智慧的象征）的对话，也许我们应该从中获得一些启发：

一日，寒山对拾得说："今有人侮我、笑我、藐视我、毁我、伤我、嫌恶恨我、诡谲我，则奈何？"拾得回答说："子但忍受之，依他、让他、敬他、避他、苦苦耐他、不要理他。且过几年，你再看他。"

那个高傲、不可一世的人结局就可想而知了，而我们也一定可以想象得出拾得的胜利的微笑——尽管这可能是一种超脱圆滑者的微笑。不过，它的确会给我们的生活带来一些好处。

如果我们知道福祸常常是并行不悖的，福尽则祸亦至，而祸退则福亦来的道理，那么，我们就真的应该采取

“愚”“让”“怯”“谦”这样的态度来避祸趋福。“吃亏是福”不失为人生一种特殊的处世哲学，也是一种生活的艺术。

我们所指的“吃亏”大多是指物质上的损失，都是身外之物，倘使一个人能用物质的吃亏换来心灵的平和与宁静，那无疑会获得人生的幸福。

其实，人是一个有着超强平衡系统的。当你的付出超过你的回报时，你一定取得了某种心理优势；反之，当你的获得超出了你付出的劳动，甚至不劳而获时，你就会陷入某种心理劣势。

生活中，很多人都有拾金不昧的美德，这绝不是因为大家跟钱有仇，而是因为我们不愿意被一时的贪欲破坏了长久的心情。天下没有免费的午餐。同样，我们不会无缘无故地得到，也不可能无缘无故地失去。只有时刻保持一颗平常心，让一切来去自然，那样的生活才是最真实、最快乐的。

有时候，你是用物质上的不合算换取精神上的超额快乐。有时候，你看似占了一点儿便宜，却同时在不知不觉中透支了精神的快乐。所以告诉自己：吃亏是福。现实生活中，很多人以低调的姿态做着各种各样的事情，因为他们就是我们所说的那种内心平衡的人，他们就能做到“不以物喜，不以己悲”。

东晋宰相谢安在指挥淝水之战时，一边与人下棋，一边听取前方传来的战报，当时东晋只有八万人马，而前秦符坚却号称“百万之众”。此战若败，东晋势必灭亡，与谢安下棋的人哪能沉得下心来，那人不时流露出焦急的神色，但谢安镇定自若，棋路不乱。终于前方传来谢石、谢玄大败前秦的捷报。可见，谢安的自控能力绝非一般。

一个内心平衡的人，不会轻易受外界的干扰，不易激动、发怒，不仅平时保持心平气和，而且注重个人内在修养的发展，因此，无论在什么情况下，都能始终保持一颗平常之心，泰然自若。

情绪的主人是自控力

心灵的伟大表现得并不明显，因为它总是把自己隐藏起来，一点小小的创伤往往就是它的全部表现。心灵的伟大远比我们设想地更为常见。

人没有满足的时候，即使现在周围的人都在羡慕你的生活，你也不会觉得自己过得多么幸福和快乐，因为在你的眼中还有很多值得你羡慕的人和事。当这种不平衡的心理作祟的时候，你对所拥有的一切都将毫无感觉，你所想到的、看到的只是你自认为不如别人的，同时，你也丧失了所有的快乐。

其实，你羡慕别人也正如别人羡慕你一样，你认为的好，也许正是对方的痛苦所在。不同的人，对成功、对幸福的理解和追求也都是不尽相同的。很多时候，得到并不意味着都是快乐，失去与失败，换一个角度看，也有他的人生价值与意义，从而为自己找到心理上的平衡点和支撑点。

生活并不是无所事事打发时间的过程。如果我们把精力都放在驱除不愉快的心情上，便不会有剩余的精力来应付生活本身的需要。人的情绪都会有高潮有低谷，要想永葆快乐，就要像戴尔·卡耐基所说："学会控制情绪是我们成功和快乐的要诀。"

实际上，没有任何东西比我们的情绪，也就是我们心里的感觉更能影响我们的生活了。痛苦和快乐有着巨大的力量。只要你善于利用它们，你就会获益匪浅。

一切情绪都来自你自己，你是一切情绪的创造者。很多人都这么以为，一切希望得到的情绪得必须等候，譬如说，有些人除非真得到了所企求的东西，否则就感受不到爱、快乐或信心。而事实上，你可以在任何时候选择所要想的感受，去体验所希望的情绪。

如何选择所希望的情绪而消除负面情绪的影响呢？答案很简单，只要你真正拿出行动，用积极的心态去面对，事情就终有解决的时候。不管有多痛苦，如果你想很快打破消极的念头，找到走出困境的方法，按照下述六个步骤去做，就会柳暗花明。

1. 确认你真正的感受

很多时候，人对自己的真实感受是很模糊的。一头栽进那些负面情绪，承受痛苦的折磨。其实，他们无须如此对待自己，只要稍微往后退一步，问问自己："此刻我是什么样的感受？"如果你真觉得自己处于一种愤怒的状态，那么你再问问自己："我真是觉得愤怒吗？抑或是其他？"也许你只是自尊心受到了伤害，或者觉得自己损失了些什么。当你明白了真正的感觉只是受伤或者受损失，你就会发现这一切的发生根本不值得自己生气。也就是说，只要你肯花时间去认真感受，找到自己真实的感受，就能降低情绪强度，以客观理性的态度处理问题。

2. 肯定情绪的功效，认清它带给你的帮助

绝对不可"扭曲"情绪的积极功能，任何事情若是被我们"预设了立场"，那么我们就无法看出它的真貌，而别人善意的建议也不会接受。一味地压抑情绪，企图减轻它对我们的影响不但没用，反而会更加困扰着我们。因此，对于一切你所认为的"负面情绪"都该重新检讨，给它们重新定位，日后当你再遇上相同的情况时，那些情绪不但不再困扰你，反而能带你进入另一片天地。

3. 情绪被困时，重新认识情绪的真义

情绪是琢磨不透的东西，当你被它困扰的时候，很容

易深陷其中不能自拔，所以，你必须采取积极的态度去解决问题，让它不再发生。

4. 要有自信

信心是一切成功的前提条件，更是治愈一切创伤的良药。因此，你对自己要有信心，确信情绪是能够随时掌握的。掌握情绪最迅速、最简单且最有效的方法，就是拾起曾经的经验，回想一下过去类似的情绪经验，当时是怎么解决的？然后针对目前的状况，拟出可以让你成功掌握情绪的策略。由于过去你曾处理过这种情绪，而现在对情绪又有了新的认识，相信这样可以帮助你拟订策略。只要你借助上次成功的经验，带着信心，那么这一次依然会如上一次那样有效。

5. 要确信自己今天和未来都能控制情绪

要想未来依然能够很容易地掌握情绪，你必须对自己现有的做法有充分的信心，过去你已经使用过，并且证明确实有效，如今你只要重新使用即可。你要全心全意地去回想，去感受当时的情景，使顺利处理的经过深印在你的神经系统中。当然，你最好再想出其他三四种可能的处理方法，把它们写在小纸片上，不时提醒你自己。这些可能的处理方法包括改变你的认识、改变你的沟通方式或改变你的行动，等等。

6. 要以振奋的心情做出行动

人之所以振奋，是知道自己可以很容易地掌握情绪；拿出行动，证明自己的确有能力掌握。

当你熟知这几个简单的步骤又能运用得很灵活后，就能很快地确认及改变情绪了。这几个步骤在一开始运用时可能会有点困难，不过就像学习任何新的事情一样，只要你不停地练习，就会越来越顺手。奥格·曼狄诺在处理情绪问题上一直信守这套哲学：“当怪物还不大时，就得处理掉。”只要你确认情绪的真实面貌，再加上能有效地运用这几个步骤，不用多久，便会发现自己在处理情绪上得心应手了。

也许过去你认为是情绪的“地雷区”，有了上述六步骤，你便仿佛拥有了探测器，如果运用得得心应手，每一步都会有成功的把握。

04

压力管理：

扛住了压力就不焦虑

4

如果勇敢地正视困难，困难就会消失，这一直是我的人生哲学。

——艾萨克·阿西莫夫

我们心里都有病

不要害怕拒绝他人，如果自己的理由正当。当一个人开口提出要求的时候，他的心里根本预备好了两种答案。所以，给他任何一个其中的答案，都是意料中的。

恐惧多半是心理作用，但是它确实存在，并且是发挥潜能的头号敌人。如果你始终处于一种消极的心态，并且满脑子想的都是恐惧和挫折，那么你所得到的也都只是恐惧和失败。但是，如果你以积极心态发挥你的能力，并且坚信自己一定会取得成功，那么你的信心就会使你实现自己的目标。所以，我们必须摒弃恐惧，给自己更多可以实现成功的可能。

鲁迅先生曾说：“人生的旅途，前途很远，也很暗。然而不要怕，不怕的人的面前才有路。”不要怕，才会行动，而行动可以治愈恐惧、犹豫，拖延则只会助长恐惧。也就是说，在我们前进的道路上，无论有什么障碍和困难，我们都不应感到惧怕。

在我们的生活中，当我们遇到困难的时候，不要恐惧，我们一定要知道，没有什么事是真正值得我们恐惧的，我们只有勇敢地向前走，不回头，努力为自己的目标去努力，我们才会成功。也只有这样，我们才活得有意义，生命才更有价值。

伊利娜·鲁威特曾经说过：“每一次你停下来直视恐惧的经历会使你获得力量、勇气和信心。”当决心面对某些事情的时候，那些事情总会慢慢地变小并最终撤退跑掉。面对困难或恐惧比试着逃避它们要安全得多。

有一个老牛仔，在一个大的养牛场工作了一生。在那里冬天的暴风雨会让牛场损失很多。在冬天，冰冷的雨打在草原上，咆哮的严厉的风使雪堆积。温度很快就降到0摄氏度以下，飞起来的冰块能割开肌肉。在这种恶劣的天气下，多数牛会背朝着冰块顺着风走。走了一英里又一英里，最后被边界的栅栏挡住，它们就靠着栅栏死去。

但是赫里福德郡牛却不一样。这种牛会本能地头顶着风走到牧区的尽头，它们在那里肩并肩地站在一起，面对着暴风雪，低着头抵抗它的袭击。

牛仔说："很多时候你会发现，赫里福德郡牛能够在那样的环境里活下来并且活得很好。我想那就是曾经在草原上学到的最大的经验——面对生命中的暴风雪。"

这个人生的经验是正确的，难怪牛仔会说这是他人生中有重要意义的一课。所以，对于令你感觉恐惧的事情，不要逃避，也不要顺从，而是要勇敢地面对。在人的一生中，我们会经历很多事情，我们不可避免地会重复地选择是逃避还是面对。面对，会让我们向着前方迈进，而逃避只会让我们原地踏步，甚至后退。

实际上很多恐惧是毫无根据、毫无意义的。有人说，在人的一生中，有92%的人所恐惧的事情从未发生，只有8%的发生了。让我们把恐惧踩在脚下吧！当你感到恐惧的时候，朋友们会劝你不要担心，那只是你的幻想，没有什么可怕的。虽然这种安慰可能会暂时解除你的恐惧，但是我们都很清楚，这并不能真正地帮你建立信心，消除恐惧。

那么，我们该怎样才能避免可怕的事降临呢？

最好的方法是跟潜能连接。潜能拥有无限的能力，若能和潜能接触就可得到其无限力量的供给，并感到很安心。这时候的自觉程度如果和潜能成正比的话，就可以受到能力的供给。这种自觉并不是靠看书或听到别人谈论就可了解的，而是自己心里必须十分明白已经到什么程度，即整个内心的自觉。

如果我们能和潜能的灵魂协调而生活，那么任何东西都无法从外部来攻击我们。意思也就是把心转换过来，时常往好的方面去想。

如果你是一个在人际关系上不得意的人，那么你也不能抱有“反正我都是不顺利的”坏想法，而是要想着“凡事我一定都是顺利的”。

如果你只是公司里的一名普通职员，你也不能认为自己一辈子就只是一名职员，如果在你的心灵深处播下这颗习惯性的种子，那么将会影响你未来的发展。所以，要脱离这种坏思想，不要恐惧未来，而是要怀揣梦想，相信有一天，自己也会成为董事长。

你要知道，在工作中，当我们遇到困难时，唤醒心中的勇气，会让我们找回自己。伊尔文·本·库柏是美国最受尊敬的法官之一，我们可在他的成长经历中获得不少启示。

库柏在密苏里州圣约瑟夫城一个准贫民窟里长大，他的父亲是一个移民，以裁缝为生，收入微薄。

为了家里取暖，库柏常拿着一个煤桶，到附近的铁路去拾煤块。库柏为必须这样做而感到困窘。他常常从后街溜出溜进，以免被放学的孩子们看见。但是，那些孩子还是能看见他。特别是有一伙孩子常埋伏在库柏从铁路回家的路上，袭击他，以此取乐。他们常把他的煤渣撒遍街上，使他回家时一直流着眼泪。所以，库柏总是生活于恐惧和自卑的状态中。

但是，命运是公平的，它不会让人一直处于一种压抑的状态。有一天，库柏的人生终于发生了转机。库柏因为读了一本书，内心受到了鼓舞，从而在生活中采取了积极的行动。这本书是荷拉修·阿尔杰著的《罗伯特的奋斗》。

在这本书里，库柏读到了一个像他那样的少年奋斗的故事。那个少年遭遇了巨大的不幸，但是他以勇气和道德的力量战胜了这些不幸，库柏也希望具有这种勇气和力量。

库柏读了他所能借到的每一本荷拉修的书。当他读书的时候，他就进入了主人公的角色。整个冬天，他都坐在寒冷的厨房里阅读勇敢和成功的故事。不知不觉，自己也慢慢养成了积极的心态。

在库柏读了第一本荷拉修的书之后几个月，他又回到了铁路上，正巧那些坏孩子迎面而来。他最初的想法是转身就跑，但很快，他就想起了他所钦佩的书中主人公的勇敢精神，于是他把煤桶握得更紧，一直向前大步走去，犹如他是荷拉修书中的一个英雄。

这是一场恶战。三个男孩一起冲向库柏。库柏丢下一铁桶，用力地挥动双臂进行抵护，使得这三个恃强凌弱的孩子大吃一惊。库柏的右手猛击到一个孩子的口唇和鼻子上，左手猛击到这个孩子的胃部。这个孩子便停止打架，转身溜跑了，这也使库柏大吃一惊。

与此同时，另外两个孩子正在对他拳打脚踢。库柏设法推走了一个孩子，把另一个打倒，用膝部猛击他，而且发疯似的连击他的胃部和下颚。现在只剩下一个孩子了，他是他们的头儿。他突然袭击库柏的头部，库柏设法站稳脚跟，把他拖到一边。两个孩子站着，相互凝视了一会儿。然后，这个孩子们的头儿一点一点地向后退，也溜走了。库柏拾起一块煤，投向那个退却者，这也许是在表示他正义的愤慨。

当一切结束时，库柏才知道他的鼻子在流血。他的身体由于受到拳打脚踢，已变得青一块紫一块了。但是，这对于库柏来说是非常值得的。库柏的胜利，不是因为库柏比一年前强壮了多少，也不是攻击他的人不够强壮，而是在于库柏自身的心态。他已经不再恐惧，面对危险而勇敢战斗。在库柏的一生中，这一天是一个重大的日子——他克服了恐惧，战胜了敌人，更战胜了自己。

他决定不再听凭那些恃强凌弱者的摆布。从现在起，他要改变他的世界了，他后来也的确是这样做的。库柏给自己明确了一个定位。当他在街上痛打那三个恃强凌弱者的时候，他并没有害怕，库柏将自己想象成荷拉修书中的特罗伯特卡佛代尔，是一位大胆而勇敢的英雄，在后来的人生道路上，他一直都在勇敢地战斗。

所以说，把自己视为一个成功的形象，有助于打破自我怀疑和自我失败的习惯，这种习惯是消极的心态经过若干年在一种性格内逐渐形成的。此外，还可以为自己设定激励自己的某一形象，它可以是一幅画、一句名言，等等，这些都可以帮你改变心态，为你带来一个不同的世界。

因此，充满勇气，你就能比你想象的做得更多更好。在勇于挑战困难的过程中，你就能使自己的平淡生活变成激动人心的探险经历。这种经历会不断地向你提出高标准，不断地奖赏你，也会不断地使你恢复活力和满怀创造力。

以可行性小目标粉碎压力

真理喜欢批评，因为经过批评，真理就会取胜；谬误害怕批评，因为经过批评，谬误就要失败。

面对困难，不应该坐以待毙，而是主动出击，发挥自己最大的能力战胜恐惧，不退缩，从而取得成功。

平静、晴朗的一天，北弗吉尼亚森林里有一队测量人员正在安静地享受午餐。突然，一个女人惨烈的痛哭和尖叫声传了过来，他们吃了一惊。那尖叫重复了好几次，队员们都起来穿过矮树丛看看到底是怎么回事。

当那个女人看见队员中一位18岁左右，却身材高大，风度翩翩的年轻人时，她大声哭叫道："噢，先生，您一定要帮帮我，帮我叫这些朋友放开我！我的孩子，我可怜的孩子快被淹死了！他们却不让我去救他！""这太疯狂了，她想跳到河里去！"抓住她的其中一个人说，"那些激流会一下子把她撕成碎片的！"那个年轻人脱掉了他的衣服，冲到了河床边，观察了一会河里的礁石和乱流，他看见了孩子的衣服和挣扎的双手，一下子就跳进了汹涌的波涛中。"感谢上帝，他会救我的孩子的！"孩子的母亲喊道。

所有人都冲到岸边的悬崖上。"他在那儿！噢，我的孩子，我亲爱的孩子！我怎么能离得开你！"所有的目光都集中在悬崖下的乱流中用坚强的意志和希望在奋斗的年轻人身上。他看起来好像马上就要被一块突兀的岩石击中，一会儿又好像要被一个难以从中逃生的漩涡给卷进去。那个男孩两次从人们的视线中消失，又再次出现，但是他已经接近了河中最危险的地方了。河里的激流太猛烈了，没人敢靠近，就算是坐在小船中也不敢，因为肯定会被撕成碎片的。那个年轻人一次又一次地努力，有几次他差点就抓住那孩子了，但一个个漩涡又把他们分开。年轻人做出了最后的努力，那个孩子被他那健壮的右臂高高举起；然而伴随着每个旁观者嘴里恐惧的叫喊声，那年轻人和孩子一起掉下了瀑布消失在喧腾的河水中。

过了一会儿，孩子的母亲在一阵狂喜中叫道："他们在那儿！看见了吗？他们安全了！伟大的上帝呀，我感谢您！"确实如此，他们从沸水般的涡流中出现了，没有受到什么伤害。他们到达了河岸的低地上，马上就被冲过来的朋友们淹没了。孩子失去了知觉，但是仍然活着；那个年轻人已经筋疲力尽了。

这个年轻人就是后来著名的美国总统乔治·华盛顿。

激流、旋涡、瀑布，每个都充满了危险，每个都有可能会吞噬他的生命，但华盛顿没有在恐惧与危险面前退缩，他没有放弃，而是在用最坚强的声音不停地告诉自己"我能行！"不允许退缩、不允许放弃，因为一旦退缩与放弃就意味着失败。就算是在毫无办法的情况下失败了，也要不舍不弃，用百折不挠的精神争取最后的胜利。

有这样一句话"我们唯一值得恐惧的就是恐惧本身——模糊的、莫名的、轻率的、毫无根据的恐惧，那会让自己变得莫名的胆怯，会让我们为了前进所付出的努力都付诸东流。"正如罗斯福所说，"我们唯一值得恐惧的就是恐惧本身"，很多时候，我们不是不能战胜困难，而是在行动之前就已经被由困难产生的恐惧感吓倒了。只要战胜恐惧、不退缩、不放弃，我们就能顺利地克服困难。

恐惧是取得成功的最大障碍，一个面对困难或风险畏缩不前的人是不敢渴望胜利与荣誉的。只有克服心里的恐惧，勇敢向前，才能获得最终的胜利。麦克阿瑟就用实际行动证明了他的勇气与永不放弃的决心。

1914年，墨西哥当局扣留美国水兵，美国总统伍德罗·威尔逊以此为借口向墨西哥发动了战争，举兵攻占墨西哥东海岸的最大城市韦拉克鲁斯。

为了能够顺利攻占韦拉克鲁斯，麦克阿瑟作为参谋部成员随着上司到韦拉克鲁斯去搜集情报。麦克阿瑟和上司到达韦拉克鲁斯后，发现这里缺少机械化工具，运输工具仅限于畜类，除此之外，再无其他，这对于美国陆军战斗物资的运输极为不利。

后来经过打听，有几台铁路机车被墨西哥军方隐藏了起来。麦克阿瑟听到这个消息后倍感兴奋，因为有了这几台机车，他们的战斗装备和武器就可以迅速地被运进韦拉克鲁斯了。他又通过一些途径终于打听出了机车的确切隐藏地点，但是这又给他们出了一道很大的难题，因为机车被藏在墨西哥防线后面。确定这些机车是不是真实存在，能不能使用，就必须要冒险穿越墨西哥的防线去核实。能够完成这一任务需要勇敢和机智的人。麦克阿瑟深知这几台机车对美国陆军的重要性，他不顾上司的极力反对，只身一人穿越了敌人的防线，顺利地找到了机车。经他核实，5台机车中，有2台属于报废车，而其他的3台都可以继续使用。

证实了这一切之后，麦克阿瑟决定立即返回，但是途中却遭遇了危险。但麦克阿瑟没有慌，凭借着自己的机智、勇敢终于将这个重要的消息带回了美国，并最终帮助美国陆军胜利攻占了韦拉克鲁斯。

面对艰难险阻，麦克阿瑟没有放弃、没有退缩，他抛却了恐惧，勇敢地获取了情报。巴顿将军曾说过：“每个人都会害怕，越是聪明的人越是害怕。勇敢的人是这样一些人，他们不惧怕恐惧，他们会一直强迫自己不放弃，坚持去做。”麦克阿瑟就是这样的人。

我们应该勇敢一些，只要战胜了自己内心的恐惧，就等于战胜了最强大的敌人。接下来只要我们不放弃，只要我们努力坚持，最后的胜利就一定属于我们。

每当我们战胜恐惧后，都会感到自己的力量增强了，自己也变得更加强大了。即便克服了一个小小的恐惧，也能够增强自己的信心。假如一味想避开恐惧，那么你就会越来越恐惧，逃避不是解决问题的办法。

恐惧的影子在被你放大

我们为什么会害怕？这是由于我们做事不能当机立断，一旦犹豫不决的时候，我们便会畏缩。但如果能够对某件事作明确的判断时，不论有无价值，我们都不会畏缩。

恐惧远比不上想象中的那么可怕。有一句话“当你停止尝试的时候，就是你完全失败的时候”。缺乏自信的人将终日和恐惧为伴，一做事就想到失败，最后只能举步维艰，什么也做不成。如果我们不理会自己的恐惧，拼尽全力去做，也许就能成功，但一旦把恐惧放在心上，就意味着失败。

现实中的恐惧远比不上想象中的恐惧那么可怕。大多数人在碰到困难时，总是想这件事情有多难办，还列出诸多难以克服的条件，如此一来自己越来越担心，越来越害怕。但实际行动的话，并没有想象中那么难，而且比想中要容易得多。

恐惧是人们心灵最难以战胜的魔鬼，它能摧残一个人的意志和生命，它能够深深地影响一个人的精神和性格，进而破坏人的身体健康和心灵健康。它能够将人带入绝望的边缘，消除人的一切上进心和信心，从而让人极度衰弱，最终作茧自缚，难以成就任何事业，甚至不能够正常工作或生活。

生活中，人们的内心总会充满各种恐慌，降温的时候害怕会感冒，吃东西会担心食品卫生，经商时怕赔钱；他们怕人言，怕舆论；他们怕困苦到来，怕贫穷，怕失败，怕灾难，怕意外，怕暴风……总之，对于那些未知的事情，内心总是充满畏惧。

这种畏惧之情操纵着一个人的精神和心理，足以去毁灭一个人的自信和意志力。一旦心怀恐惧、不祥的预感，则做什么事都没有效率。恐惧的心理每个人都有，关键是看如何克服，有的人被恐惧完全掌控，结果就畏畏缩缩地度过一生。但有的人打败了恐惧，就可以光明磊落、潇洒豪迈地度过一生。恐惧是人类心灵上最大的敌人，是人类文明事业的破坏者。

卫斯里为感悟山间的趣味和风情，一个人来到一片陌生的山林。但山林错综复杂，加上他左转右转，不久，他就迷路了。正当他一筹莫展的时候，迎面走来了一个挑山货的美丽少女。

少女嫣然一笑，问道："先生是不是迷失方向了？请跟我来吧，我带你抄小路走下山，下面有旅游公司的汽车在等着你。"

于是卫斯里就跟随这个少女，慢慢地向山下走去，他们穿越丛林，旁边的树木和草丛郁郁葱葱，青翠欲滴，阳光在林间映出千万道漂亮的光柱，晶莹的水汽在光柱里飘舞，景色异常美丽。正当他陶醉于这美妙的景致时，少女开口说话了："先生，前面一点就是我们这儿的鬼谷，是这片山林中最危险的路段，一不小心就会坠入万丈深渊。如果想要通过这个地方，唯一的办法就是挑点或者扛点什么东西。"

卫斯里惊问："这么陡峭的地方，如果负重前行，那不是更危险吗？"

少女笑了，解释道："只有你意识到危险了，才能够更加集中精力，那样反而会更安全。这儿发生过好几起坠谷事件，都是迷路的游客不小心摔下去的，原因就是他们没有心理暗示。而我们每天都挑东西走来走去，从未出过意外。”

卫斯里冒出一身冷汗，对少女的解释并不相信。他就让少女先走了，自己决定去寻找另外一条下山的路，绕开鬼谷。

少女无奈，只好一个人走了。卫斯里在山间来回绕了好几圈，也没发现另一条下山的路。

天色渐渐地暗了下来，马上就要进入黑夜了，卫斯里还没找到路。夜里的山间极不安全，在山里过夜，他恐惧；过鬼谷下山，他也恐惧；况且，此时只有他一个人。

后来，山间又走来一个挑山货的少女。卫斯里急忙拦住少女，向她求救。少女一句话不说，将两根沉沉的木条递到卫斯里的手上。卫斯里万般无奈，只能胆战心惊地跟在少女身后，小心翼翼地走过了这段“鬼谷”。走完之后，他发现自己全身被汗水湿透，但内心却十分轻松。

过了一段时间，卫斯里故意挑着东西又走了一次“鬼谷”。这时，他才发现“鬼谷”没有想象中那么可怕，关键是恐惧心理在作怪，最“深”的是自己心中的“恐惧”。

恐惧是人类心理上最难以克服的情绪。面对自然界和人类社会，生活从来不会一帆风顺，总会遭到各种各样意想不到的挫折、失败和痛苦。

马克·富莱顿说：“人的内心隐藏任何一点儿恐惧，都会使他受魔鬼的利用。”美国著名作家、诺贝尔文学奖获得者福克纳说："世界上最懦弱的事情就是害怕，应该忘了恐惧感，而把全部身心放在属于人类情感的真理上。"爱因斯坦说："人只有献身社会，才能找出那实际上是短暂而有风险的生命的意义。"

既然知道恐惧是走向成功的绊脚石，那么我们就应该向那些能够克服恐惧心理走向成功的人学习，聆听他们智慧的声音，从而战胜恐惧。

而克服了恐惧，意志力的另一大敌人——绝望就出现了，它同样是你走向成功的一重障碍，只有巧妙地避开它，才能够获得真正坚强无比的意志力，这样才能够一步步走向辉煌。

以勇气告别力不从心

我认为胜利是可以取得的，并且勇敢地为它奋斗。我的后代将会说：“他不知死的恐惧，比任何人都刚毅；认为为真理而斗争是人类最大的乐趣。”

“要战胜恐惧，而不是退缩。”恐惧是人类最原始的认识之一，它是人类生存本能的反应，是人类最常见的生理情绪。但是人们必须学会去克服它、战胜它，因为恐惧会让一个人停止不前，难以实现自己的人生理想和目标；恐惧会使你囿于现状，不敢冒险，安于平庸的生活。经过适当的调整，恐惧就可化为一种勇气和动力，帮助你突破个人的极限。

恐惧是一种带有强迫性质的、不以人身体的意志和愿望为转移的情绪。恐惧可以消磨一个人生存的勇气，可以消磨一个人战胜困难的意志力。它能影响人的心态、伤害人的修养、减少人的生理与精神活力，进而破坏人的身体健康。它能打破人的希望、消退人的志气，使人的心力“衰弱”。心怀恐惧的人在面对困难和挑战的时候总是选择逃避和退缩。

“恐惧和懦弱是对危险的厌恶，”依曼努尔·康德说，“它是人类生活中不可避免和无法放弃的部分。”

每个人的内心都隐藏一些恐惧的因素。当面对危险和困难的时候，人都会害怕，但怕归怕，关键是看如何克服恐惧，战胜敌人。

恐惧是一种消极的情绪。如果一个人经常出现这种情绪，就应该强大自己的内心，努力克服，否则它将会影响人的正常生活和工作。虽然我们不可能将其连根铲除，但至少应该将其控制在一定的范围之内。如果让它成为你生命中的主宰，那么在生活中你就会举步维艰。

人往高处走，水往低处流，人们永远希望自己步步高升，不断地进入更高的领域和境界，只要拥有一颗敢于战胜恐惧的内心，就永远不会走向失败和困境。所以说，恐惧是可以被克服、被打败的，只要我们了解能量是存在于我们自身，而不是在世界上的某个地方。

生活中，我们完全没必要去杞人忧天，为没有发生的事情感觉害怕和忧虑。其实，恐惧只不过是一种隐性的障碍了。就如怕了一辈子鬼的人，却一辈子也没有遇见鬼一样，最多就是自己吓自己，自寻烦恼。很多人遇到棘手的问题的时候，就会想出很多莫须有的困难，把所面临的困境无限扩大，这无疑使内心的恐惧不断地膨胀。其实无论遇到什么事情，只要大胆去做，就会发现事情远没有想象的那么可怕。正如马克·吐温所说："勇气不是缺少恐惧心理，而是拥有对恐惧心理的抵御和控制能力。"纵观整个世界的发展史，失败相对于成功而存在，而所有的成功都是从失败中打拼来的。因此，我们应该从容地看待一切，坦然地面对一切，这样的人生才能够活得潇洒。那些古今中外的成功人士，留给我们的不仅是他们的辉煌，更重要的是他们曾经为了战胜困难而不断尝试的勇气。

如影随形的抑郁

只要你坚持的时间足够长，恐惧就根本不再是极端的痛苦，而是一种十分讨厌、令人恼火的刺激。

勇往直前是每个人心中都存在的一种原型力量。要超越自我，就要敢于战胜一切恐惧，就要有大无畏的勇气。

狼作为食肉动物，尽管也吃草、果子甚至蘑菇，但要想生存，它们必须捕猎其他动物。并且为了保证在较长的时间内享有食物，狼更喜欢捕捉像鹿、驯鹿或驼鹿等庞大的猎物。虽然在捕捉这些猎物时，自己会有受伤的危险，但生存的欲望让它们忘却了恐惧，总是抱着最大的勇气不断地尝试，同时也在不断地获得成功。

人生可以分为三种状态：轰轰烈烈、平平凡凡、凄凄惨惨。几乎每个人都想轰轰烈烈地度过自己的一生，到最后也能流芳百世或者名垂千古；也有些人抱着“平平淡淡才是真”的态度，选择平平凡凡一辈子；最后的凄凄惨惨，可能几乎没有一个人愿意自己的人生会是这样，但是仍然有许多人是这样度过自己的一生的。

如何才能够轰轰烈烈，无怨无悔呢？这就需要自己不断地提高和完善，要相信自己，别人能够做到的，自己一定能够做到！在现实中，我们可以时常锻炼自己，给自己一个悬崖或者深渊，把我们内心最深处的东西激发出来，以便更好地适应这个多变的环境。

恐惧其实是一种心理暗示，恐惧心理一旦产生，将严重地阻碍人们行动的勇气，而且对人的身心健康有很大的危害。当人感到恐惧时，精神状态都处于麻痹的状态，即使平时自己能够完成的事情在这种情况下也难以完成了。比如一个人能够在公园里轻松地走过一段独木桥，但是在波涛汹涌的江面上却不敢走动半步。导致这种结果就是内心恐惧的暗示，它首先给内心一个压力，然后是各种担忧和畏惧，这样就没有任何勇气去完成这件事了。这就是恐惧心理的副作用。恐惧心理是成功路上的绊脚石，你必须把它搬开，才能到达目的地。正如一位名人所说："没被自己吓倒的人，才能成为赢家。"

其实，更多的时候，人们都是在自己吓自己。世上没有什么事能真正让人恐惧，恐惧只不过是人心中的一种无形障碍罢了。例如，一个人忽然觉得胃疼，到医院看了几次仍然不好，这时候他就开始了各种猜测，是不是患了胃癌了或者其他，这样整个人都处于巨大的压力之下，精神必定萎靡不振，最终不是胃癌也转变成胃癌了。不少人碰到棘手的问题时，习惯设想出许多莫须有的困难，这自然就产生了恐惧感，遇事你只要大着胆子去干时，很多事情都是纸老虎，远没有我们想象中的强大。

"让我再试一试"，是成功者的必由之路。也许再试一次，就可以获得成功了。西奥多·罗斯福是美国历史上一位杰出的总统。他的性格并不完美，时常会胆怯和自卑。他在自述中写道："有一次，我读到一本书，其中有一段谈到一位英国军舰舰长告诉主人公怎样克服恐惧：'人们可以装作不害怕的样子，时间一长，假的就不知不觉变成真的了。'我相信了这种说法，并且用这种说法来改变自己。那时候，我的内心存在许多恐惧的因素，从大灰狼、劣马到拿枪的士兵，见了就想躲。后来我让自己装出不怕的样子，慢慢果然就不怕了。我想，人们只要愿意，可能都会有这样的经验。"詹姆士对此也有同感，他说：“这样，英雄气概就会取代懦夫之怯。”

人的潜能是无穷无尽的，但是绝大部分都处于休眠状态，等待着人们去开发挖掘。潜力之所以没办法发挥出来，主要是受心理障碍的影响和阻碍。如果你想充分发挥你自己身上的潜能，想确切地知道自己的能力有多大，那就从现在开始，把你身上的无形障碍，也就是你内心害怕的一些因素，一件件地罗列出来，由易到难订个跨越计划。然后从第一件害怕做的事进行克服，直到不惧怕为止。这样每完成一项，你就跨越一个心理障碍，解去一根捆绑自己心灵的绳索，消除一次“我从未做过”的念头，消灭了一个敌人。这样你就会逐渐强大起来。我们也应该鼓足勇气向自己挑战，向恐惧挑战，不断地想办法克服恐惧。

克服恐惧看起来非常困难，仿佛很少有人做到，其实这种想法是错误的，克服恐惧在于自我的调节，改变就在一念之间，只要换种心态对待以前所恐惧的事情，那么这种恐惧就会烟消云散。生活中有很多恐惧和担心只是由我们内心臆想出来的，所以，要想驱除它必须在潜意识里彻底根除。

你能做意想不到的自己

人在身处逆境时，适应环境的能力实在惊人。人可以忍受不幸，也可以战胜不幸，因为人有着惊人的潜力，只要立志发挥它，就一定能渡过难关。

善用你的潜能，就是善用你更多的力量，不论是一般的员工，还是企业的管理者，每个人都应该在各方面尽量灵活地运用自己的这项特殊潜能。

金无足赤，人无完人，每个人身上都有弱点，所以大部分人也都怀着自卑在生活。自卑的人其实都能认识到自己的问题所在，但就是克服不了它，所以整天闷闷不乐，而自身的发展也就受到一些影响。

实际上，任何人都拥有特殊的能力或才能，不管多么愚笨的人，都有他自己能够做到的事情。但是大多数人却忽略了这一点，而只注意自己的弱点，于是他身上潜在的能力就这样继续沉睡下去。

太过注重自己身上的弱点就会导致自卑，而自卑又会给我们的心灵设限；而心灵上的自我设限，又阻碍了我们才能的充分发挥。

科学家曾做过这样一个有趣的实验：

他们把一只跳蚤放在桌子上，一拍桌子，跳蚤迅速跳起，跳起的高度均在其身高的100倍以上，堪称世界上跳得最高的动物！

然后在跳蚤的头上放一个玻璃罩，再让它跳，这一次跳蚤碰到了玻璃罩。连续多次后，跳蚤改变了跳的高度以适应环境，每次跳跃总保持在罩顶以下的高度。

接下来逐渐降低玻璃罩的高度，跳蚤都在碰壁后改变自己跳跃的高度。最后，玻璃罩接近桌面，这时跳蚤已无法再跳了，科学家于是把玻璃罩打开，再拍桌子，跳蚤仍然不会跳，变成“爬蚤”了。

跳蚤变成“爬蚤”，并非它已丧失了跳跃的能力，而是由于它在一次次受挫后学乖了、习惯了、麻木了。

最可悲之处在于，玻璃罩已经不存在了，它却连“再试一试”的勇气都没有了。玻璃罩已经在潜意识里罩在了它的心灵上，科学家把这个现象叫作“自我设限”。

其实我们每个人身上都有比现在做得更好的能力，只是我们的心灵禁锢了我们的思想。而我们的思想又禁锢了我们的能力。如果我们能够冲破这种界限，正确地对待自己，就能将自身的潜能释放出来。

富兰克林·罗斯福小时候是一个脆弱胆小的男孩，脸上经常显露着一种惊恐的表情。如果被喊起来背课文，会双腿发抖，嘴唇颤动。

如果是其他的孩子，他肯定就会紧紧抱着自己的缺点，然后把自己深深地隐藏起来，逃开任何人的视线，让自己沉浸在自卑的泥潭里。

但伟人之所以成为伟人，就是因为他们比别人更有勇气，他们身上的弱点和缺陷不仅不会将他们打垮，反而可以激发出他们体内的潜能和勇气。

他不把自己当成有缺陷的人，而把自己当成一个正常的人。他看见别的强壮的孩子玩游戏、游泳、骑马、玩耍或进行其他一些激烈的运动，他也去做，他要使自己成为最刻苦耐劳的典范。如此，他也觉得自己勇敢了。当他和别人在一起时，他觉得他喜欢他们，不愿意回避他们。由于他对人感兴趣，自卑的感觉便烟消云散。他觉得当他用“快乐”这两个字去对待别人时，就不会有惧怕别人的神情了。

他虽然有些缺陷，但他从不自怜自哀，而相反，他相信自己，他有一种积极、奋发、乐观、进取的心态，这种心态激发了他的奋发精神。

他的缺陷促使他更努力地去奋斗，而不为同伴的嘲笑失去勇气，他喘气的习惯变成一种坚定的嘶声，他用坚强的意志，咬紧自己的牙床使嘴唇不颤动而克服了惧怕的心理。而他正是凭着这种奋斗精神和这种积极心态，最终成为美国总统的。

他不因自己的缺陷而气馁，他甚至将自己的缺陷变为资本、变为扶梯而爬到成功的巅峰。在他的晚年，已经很少有人知道他曾有严重的缺陷。美国人民都爱戴他，他成为美国最得人心的总统，这种情况是前所未有的。

人人都有脆弱之处，但睿智进取者却能坦诚面对自己的弱点与死角。如果你有弱点，要有勇气去承认它，然后通过各种渠道去战胜它。人类最大的弱点就是自贬，即廉价出卖自己。

一件事物太过完美，也就缺少了发展的空间，而一个人若失去了发展的空间，也就没有了存在的意义。我们每个人的身上都有一些缺陷，而这些缺陷，就像一道道堤坝，挡住了我们身上暗涌的洪流，使它越聚越多，一旦涌出，便可有千钧之力，所以，缺陷往往可以激发我们体内的潜力。如果密尔顿不是瞎了双眼，可能写不出那么优美的诗篇；如果贝多芬不是耳聋了，可能谱不出那么伟大的曲子；如果海伦·凯勒没有瞎和聋，可能不会有今天光辉的成就。正如威廉·詹姆斯所说的："我们的缺陷对我们有意想不到的帮助。"

事前无畏，事后不悔

恐惧是一面哈哈镜，它那夸张的力量把一个十分细小的、偶然的筋肉悸动变成大得可怕、漫画般夸张的图像，而人的想象力不从心一旦被激起，又会像脱缰的马一般狂奔，去搜寻最离奇、最难以置信的各种可能。

生活中有许多恐惧和担心是由我们想象出来的，在很多时候，我们害怕自己没有能力做好一件事，是因为我们没有勇气去尝试，因为我们失去了信心。相反，只要我们拥有良好的心态，那么成功就将是我们的。

如果你以积极的心态去思想和行动，并且相信成功是你的权利的话，你的信心就会使你制定明确的目标。但是如果你接受了消极心态，并且满脑子都是恐惧和挫折的话，那么你所面临的结果也只能是恐惧和失败。

恐惧多半是心理作用，但是它确实存在，并且是发挥潜能的头号敌人。行动可以治愈恐惧、犹豫，拖延只会助长恐惧。

那么如何才能克服恐惧心理呢？最好的方法就是跟潜能连接。人的拥有无限的潜能，一个人的心灵若能和潜能对接，就可得到其无限力量的供给，使你增强信心并底气十足。

从前有一个人，他从未见过海，非常想看一看海。有一天，他得到一个机会。当他来到海边时，那儿正笼罩着雾，天气也很冷。他想："啊，我不喜欢海，幸亏我不是水手，当一个水手太危险了。"

在海岸上，他遇到一个水手，他们交谈了起来。

"你怎么会爱海呢，那里弥漫着雾，又很冷。"

"海不是经常都冷和有雾。有时，海是明亮而美丽的。但不管海上的天气是什么样的，我都爱海。"水手说。

"当一个水手很危险吗？"这个人问。

"当一个人热爱他的工作时，他不会想到什么危险。我们家的每一个人都很爱海。"水手说。

"你的父亲在何处呢？"

"他死在海里了。"

"你的祖父呢？"

"死在大西洋里了。"

"那你的哥哥呢？"

"他乘坐的船翻在印度洋里了。"

"既然如此，如果我是你，就再也不会回到海里去了。"

水手问道："你愿意告诉我你父亲死在哪里了吗？"

"啊，他在床上断的气。"这个人回答说。

"你的祖父呢？"

"也是死在床上。"

"这样说来，如果我是你，"水手说，"我就永远也不会睡到床上了。"

天底下本就没有什么绝对的事情，所有事情都是相对的，就看你以怎样的心态去面对。所以，有些人可以苦中作乐，有些人身在福中却备受煎熬。

我们人类曾经征服了自然，但是，却无法征服自己。内心的恐惧，就是我们最大的敌人。因为恐惧，我们选择了放弃；因为恐惧，我们与成功失之交臂。1952年，世界著名的游泳好手弗洛伦丝·查德威克从卡德林那岛游向加利福尼亚海滩。两年前，她曾经横渡过英吉利海峡，现在，她想再创一项纪录。这天，当她游近加利福尼亚州海岸时，嘴唇已冻得发紫，全身打着寒战。她已经在水里泡了好几个小时。远方，雾气茫茫，使她难以辨认伴随着她的小艇。

查德威克内心的恐惧一点点地扩大，慢慢地将她吞噬，她感到实在坚持不住了，便向船上的人求救，其实当时她离目的地只有一英里远的距离，她只要稍稍坚持，还是可以成功的，但恐惧让她选择了放弃。

后来，她告诉记者说，如果当时能够看到陆地，她就一定能坚持游到终点。大雾阻止了她夺取最后胜利的信心。

这件事过后，她认识到，妨碍她成功的不是大雾，而是她内心的恐惧。是她自已让大雾挡住了视线，迷惑了心智。她是被恐惧给俘虏了。

两个月后，查德威克又一次尝试着游向加利福尼亚海岸。浓雾还是笼罩在她的周围，海水冰冷刺骨，她同样看不到陆地。但这次她坚持着，她知道陆地就在前方。她奋力向前游，因为，陆地在她的心中。

05

认知升级：
真正的成长就是认知升级

5

各人有各人理想的乐园，有自己所乐于安享的世界，朝自己所乐于追求的方向去追求，就是你一生的道路，不必抱怨环境，也无须艳羡别人。

——罗兰

懂套路，不世故

极端的高尚和极端的卑劣并存，极端的向善和极端的无耻共生；愿意承担责任却又不断逃避责任，热爱有真理的世界却又时时制造虚假；对抗自私，却每天都在镜子里看到它。

一个雄心勃勃的人，如果不能克服自私，任何接近真、善、美的目标都难以实现，并且最终还会被自私所拖累，导致一切都变成泡影。

从前有个喜欢穿贵重皮衣和吃精美食物的富人。一天，他想炫耀自己的财富，便想做一件价值一千两银子的皮衣。没有那么多的皮子，他就去同老虎商量，要剥它的皮。这个人的话还没有说完，老虎就没命地逃入了崇山峻岭。有一次，这个人想办一桌主要用羊肉做材料的丰盛的宴席，便去和羊商量，要割它的肉，同虎一样，羊也一个个躲进了密林深处。就这样，这个人没有办成一桌羊肉酒席。

“老虎啊老虎，我能剥你的皮吗？”“羊啊羊，我能割你的肉吗？”有钱人的央求并没能获得老虎和羊的回应，结果一个逃入了崇山峻岭，一个躲入了密林深处。并不是老虎和羊太狠心，只是有钱人过于自私。剥了皮，割了肉，它们还能活吗？寓言中的有钱人只想得到自己梦寐以求的皮袍和美食，却忽略了对方的利益需求，这是其挫败的根本原因。在这个有钱人的处世观念中充斥着自私与利己。只因为想做个皮袍子，办桌丰盛的宴席就不惜剥别人的皮，割别人的肉。为满足自己的虚荣，而让别人付出沉重的代价。这种观念根本就不是合作，是恨不得把天下所有的东西都供我驱使的极端自私主义思想，这样的人注定失败。

自私是一种较为普遍的病态心理现象。其行为体现为：只顾自己的利益，从不会顾及他人、集体、国家乃至社会的利益，常有的表现就是损人利己、损公肥私等。自私也有程度上的不同，比较轻微的体现于计较得失、有私心杂念、不讲公德。而严重的则体现于为了达到自己的目的，侵吞公款、诬陷他人、杀人越货、铤而走险。

自私的人除了为了达到自己的目的，完全不顾别人的感受外，往往还显示在对别人的冷漠无情上。下面我们来看看一对夫妇因为自私而变得冷漠无情，最终酿下的恶果。

古希腊有一句话说：“自私是一切天然与道德的罪恶根源。”

一位虔诚的教徒受到天堂和地狱问题的启发，希望自己的生活过得更好，他找到先知伊利亚。

“哪里是天堂，哪里是地狱？”伊利亚没有回答他，拉着他的手穿过一条黑暗的通道，来到一座大厅，大厅里挤满了人，有穷人，也有富人，有的人衣衫褴褛，有的人珠光宝气。在大厅的中央支着一口大铁锅，里面盛满了汤，下面烧着火，整个大厅中散发着汤的香气。大锅周围挤着一群两腮凹进、带着饥饿目光的人，都在设法喝汤。

但那勺子太长太重，饥饿的人们贪婪地拼命用勺子在锅里搅着，但谁也无法用勺子盛出来，即使是最强壮的人用勺子盛出来，也无法把汤靠近嘴边去喝。有些鲁莽的家伙甚至烫了手和脸，还溅在旁边人的身上。于是，大家争吵起来，人们竟挥舞着本来为了解决饥饿的长勺子大打出手。先知伊利亚对那位教徒说：“这就是地狱。”

他们离开了这座房子，再也不忍听他们身后恶魔般的喊声。他们又走进一条长长的黑暗的通道，进入另一间大厅。这里也有许多人，在大厅中央同样放着一大锅热汤。就像地狱里所见的一样，这里的勺子又长又重，但这里的人都很健康。大厅里只能听到勺子放入汤中的声音，这些人总是两人合作在工作：一个把勺子放入锅中又取出来，将汤给他的同伴喝。如果一个人觉得汤勺太重了，另外的人就过来帮忙。这样每个人都在安安静静地喝。当一个人喝饱了，就换另一个人。

先知伊利亚对他的教徒说："这就是天堂。"

心胸狭隘的自私鬼都在地狱中。因为自私不懂得分享的美好，无论如何谁也喝不到汤。如果你自私，就只能下地狱，挥舞大勺和其他的自私鬼们争斗，大打出手，可你们谁也喝不到汤。这就是自私者的结局，实在是可怜。

任何人都不要只顾自己的利益，一点不为别人着想。自私的人是最讨人厌的人，人与人过着一种共同的生活，本来应当彼此帮助，彼此顾念，这样才能产生感情和友谊。如果一个人只顾自己的利益，就足能招来别人的厌烦和恶感，何况人一存自私的心，不但不顾别人，还要夺取别人的好处归于自己。在这种情形下，他会做各种损人利己的事，不用说受过他损害的人要厌恶他，就连未曾受过他损害的人也厌恶他。

一个人如果常自私地想别人应当爱他，他得了别人的恩惠一定不知道感激，而且还常会对别人不满意，责怪别人待他不好。他总觉得别人照他所希望的待他好，不过是别人当尽的责任。如果别人没有做到他所希望的那样好，他便觉得别人亏欠他，对不住他。这样的人对任何人都不满意，没有好感，纵使别人竭力爱他，也不会使他满足、感恩。这种人的自私是无止境的。请问谁能喜欢与这种人同处，与这种人相交呢？

一个人若不愿意做这种讨厌的人，就当想到自己没有权利要求别人的爱，而首先应该去爱别人。无论是家中的人，是朋友，是邻舍，是同学，是同事，是亲戚，我们不该要求别人的爱，我们不要太自私。别人为我们做了什么事，不论是大是小，是多是少，我们都应当表示谢意。一个人如果这样做了，就很容易获得周围人的欢迎，得到别人的关爱。

一个美国士兵打完仗回到国内，在回家之前他先给自己的父母打电话。

他显然有些迟疑："我快要到家了！我想请你们帮我一个忙，我要带我的一位朋友回去。""当然可以了，我们非常欢迎。"父母终于可以见到自己的儿子了，他们都非常高兴，"我们见到他一定会高兴的，我们会好好招待他的。"

儿子有点为难地说："他在战斗中受了重伤，失去了一只胳膊和一条腿。他无处可去，我希望他能来我们家，和我们一起生活，我希望你们能接受他。"

父母沉默了一会儿，说："孩子，你要知道，一个受了这么重的伤的人，一旦来到我们家，就意味着我们要照顾他一辈子，这是一件非常痛苦的事情。"儿子听后还是坚持要让那个人和他们住在一起。

父母似乎有点不高兴了，说："你怎么就是不明白呢，你要是把这样一个人带回家，并且要长期住下去，那样会给我们带来很大的负担。"儿子没有再说话，他挂断了电话。

此后儿子再也没有打电话回家，父母因为儿子的事非常着急，他们似乎觉得自己当初不应该拒绝儿子，应该答应他的要求。可一切都已经来不及了。几天后，父母接到了儿子的部队打来的电话，部队的人在电话里告诉这对夫妇，他的儿子从高楼上坠地而亡，希望他们能赶快过去处理一下。

悲恸欲绝的父母终于见到了儿子，在停尸间里，他们发现，他们的儿子只有一只胳膊和一条腿。

父母的自私、冷漠，让儿子悲恸欲绝，他不想拖累父母，然后走上了不归之路。

苏格拉底曾用这样一句话告诫人们："德行不出于钱财，钱财以及其他一切公与私的利益却出于德行。"自私正是对德行的背离，一个自私的人并不仅仅体现于注重钱财，他们事事都会以自己为中心，他们考虑问题的出发点是"是否对自己有利"，并只按对自己有利的方面去行动，其间完全不会顾及任何人，这就是他们全部的生活基础。

无论从哪个方面来讲，自私对人的危害都是非常大的，一个自私的人不会有真正的朋友，一个自私的人不会受到别人的尊重，一个自私的人永远都无法体会到真正的快乐，更无法获得成功。

牢骚多了会把你埋没

如果我们能够为我们所认为的伟大目标去奋斗，而不是以一个狂热的、自私的肉体不断地抱怨这个不能使自己愉快的世界，那么这才是一种真正的乐趣。

你想在生活和工作中拥有一份好心情，你就要杜绝你那满腹牢骚的行为，避免在抱怨中浪费时间。

许多人总是认为自己学富五车、才高八斗，却总觉得生不逢时，得不到老板的赏识和提拔。于是经常私下抱怨、牢骚满腹，一副怀才不遇的模样。但是，不管现实怎样，努力才是首要的，而抱怨会让你失去更多。

有一位年轻的修女，进入修道院以后，她一直在从事织挂毯这项工作。做了几个星期之后，她开始抱怨道："给我的指示简直不知所云，我一直在用黄色的丝线编织，突然又要我打结、把线剪断，完全没有道理，真是浪费，我简直干不下去了。"听见她的抱怨，在另一旁织毯的一位老修女说道："孩子，你的工作并没有浪费，你织出的那很小一部分，其实是非常重要的一部分啊。"老修女带她走到工作室的隔壁，在一幅摊开的挂毯面前，年轻的修女看呆了。原来她编织的是一幅美丽的"三王来朝图"，黄线织出来的那一部分正是圣婴头上的光环，看起来是浪费且没有意义的工作，原来竟然是那么伟大。

有一句话说得好，如果你想抱怨，生活中的一切都会成为你抱怨的对象；如果你不抱怨，生活中的一切都不会让你抱怨。你发泄着不满，却很难解决什么，但有一点是肯定的：你的抱怨不仅会使你越来越累，还会把别人说得疲惫不堪，让别人看到你就避之不及，这样你的生活永远都没有起色。

因此，不要抱怨你的单位不好，不要抱怨你的上司不好，不要抱怨你的工作差、工资少，也不要抱怨你空怀一身绝技却没人赏识你。现实中有太多的不如意，就算生活给你的是垃圾，你同样能把垃圾踩在脚底下，登上山峰之巅。

要知道，成功不会在突然降临。如果你还没有获得提升，不要抱怨怀才不遇，或急于跳槽，是金子，总会发光的。

有一点我们必须知道：抱怨于事无补，并且只会让事情变得更糟。那些喜欢终日抱怨的人，不能改变这种恶习，就没有办法获得成功。

李某是北京一所名牌大学的毕业生，能说会道，各方面都出类拔萃。他在一家私营企业工作2年了，虽然业绩很好，为公司立下了汗马功劳，可就是得不到老板的提升。

李某心里有些不舒畅，常常感叹老板没有眼力。

一日，和同事喝酒时李某发起了感慨："想我自到公司以来，努力认真，试图在事业上有所成就，我为公司联络了那么多客户，业绩也很不错。虽然兢兢业业，成就人所共知，但是却没人重视、无人欣赏。"

世上没有不透风的墙，本来老板准备提升李某为业务部经理，得知李某之言，心里着实有些不爽，然后放弃提升他。

李某之所以得不到老板的提升，就在于他不了解老板的心理，而只是一味地从自己的利益出发，抱怨没有识才的"伯乐"。

试想，作为一个老板，谁愿意被人认为是不识人才的无能之辈呀？李某这样说不等于是在贬低老板没有能力吗？

因此，不要轻易抱怨。如果你也如此，还是赶快停止你的抱怨吧，让烦躁的心情平静下来。事实上，你所埋怨的那些东西，并不是你未能得到别人喜欢的根本原因，至多也只是原因之一而已。

你之所以不能成功还在于你自己，只有你自己在行为上真正改变过来，从思想根源上认清问题，想清楚自己，才能改变你所面临的困境。你的抱怨行为，正说明你倒霉的处境是咎由自取——抱怨正是导致你处境艰难的罪魁祸首。现在，我们来审视、思考一下吧，问自己几个问题："你的自我形象是否令人满意？你是否对自己感到自信？你觉得自己是否有担当重任的能力？你平常的工作水平是否非常突出？你和老板、同事的关系是否良好和谐？"

如果你的回答是肯定的，那么你的确是一个值得别人信任、受别人欢迎的人。常常抱怨的人，终其一生都不会有真正的成就，我们没有必要心存抱怨，吹毛求疵，我们要明白抱怨于事无补，只有通过努力才能改善处境。

学会和坏情绪和解

一个人的特色就是他存在的价值，不要勉强自己去学别人，而要发挥自己的特长。这样不但自己觉得快乐，对社会人群也更容易有真正的价值。

人们的情绪是可以由自己掌控的，每个人都可自我调节情绪。弗夫·霍华德说：“对消极的情绪有一个明确的了解，就可以消除它。”只要我们能清楚地了解到使我们情绪变坏的真正原因，并可以坦然地面对，每个人都可以对自己的情绪做出调整。

当人们遇到一些烦心事的时候，千万不要到处发牢骚，这样做不但不能对自己的坏情绪做出有效的调整，也会对别人的情绪造成一些影响。既然我们已经被坏情绪困扰了，我们又何必让别人和自己一起不快乐呢？真正的快乐不仅仅只是一个人的快乐，而是所有人的快乐。所以，我们应该对别人多一些笑容。在看到别人开心生活的同时，我们自己也会变得心情舒畅。那么，一些不良的情绪也会因此而得以缓解。其实，有些人喜欢把自己的不愉快向别人诉说，也许对调整自己的情绪会有一些帮助，可我们要明白，当别人听到我们诉说痛苦的时候，他们的心情也会因此而变得低落。尤其是对一些并非情同手足的朋友诉说自己的烦恼，他们表面上会表现得很同情，可实际上他们的内心也会因你的抱怨感到不愉快。再看看那些生活真正快乐的人，他们之所以可以一直快乐地生活着，往往是因为他们懂得把快乐带给别人，他们可以通过这种方式对自己原本不好的情绪做出调整，从而使自己获得快乐。

那些允许情绪控制自己行动的人，都是弱者。真正的强者会迫使他的行动控制其情绪。一个人受了嘲笑或轻蔑，不应该窘态毕露，无地自容。如果对方的嘲笑中确有其事，就应该勇敢地承认，这样对你不仅没有损害，反而大有裨益；如果对方只是横加侮辱，盛气凌人，且毫无事实根据，那么这些对你也是毫无损失的，你大可置之不理，这样会越发显现出你的人格。有的人在与人合作中听不得半点“逆耳之言”，只要别人的言辞稍有不恭，不是大发雷霆，就是极力辩解，其实这样做是不明智的。这不仅不能赢得他人的尊重，反而会让人觉得你不易相处。虚心、随和的态度将使你与他人的合作更加愉快。

美国总统罗斯福年轻时体力比不上别人。有一次，他与人到白特兰去伐树，到晚上休息时，他们的领队询问白天每个人伐树的成绩，同伴中有人答道：“塔尔砍倒53株，我砍倒49株，罗斯福使劲咬断了17株。”这话对罗斯福来说可不怎么顺耳，但他想到自己砍树确实和老鼠咬断树根一样，不禁自己也笑起来。

可以说罗斯福的成功，正得益于他的这种对自己情绪的控制。当然，能否很好地控制自己的情绪，取决于一个人的气度、涵养、胸怀和毅力。历史上和现实中气度恢宏、心胸博大的人都能做到有事断然、无事超然、得意淡然、失意泰然。正如一位诗人所说：“忧伤来了又去了，唯我内心的平静常在。”

有一个读书人，家里非常穷，几次考试落榜后便凑了些钱做生意，没想到又赔了个精光。他非常苦闷，便来到山上向一位老禅师诉起了苦。

老禅师听完他的诉说之后便带他来到一间禅房，禅房里有一张桌子，桌子上放着一杯水。老禅师对这个读书人说：“这个杯子已经在这儿放了很久了，几乎每天都有灰尘落在里面，但水却一直很清澈，你知道是什么原因吗？”

读书人想了半天，顿时大悟道：“我懂了，所有的灰尘都沉淀到杯底去了。”

禅师点点头说：“人生如杯中水，浊与清在于自己。”

心情如水，我们希望它是什么形状，它就是什么形状。没有办法改变现实，至少还可以调整自己的心情。

在自然界，潮涨潮落、日出日落、月圆月缺、燕子来去、花开花谢、春种秋收，这些现象或许都是自然界情绪的一种表现。人也是自然界物体的一个组成部分，所以，我们的情绪也会像潮水一样涨涨落落。

但是，对于一个希望成功发展的人来说，不能任由情绪去自由发挥，得学会控制自己的情绪。因为一个无法控制自己情绪的人，一定也无法控制自己的人生。你的情绪若不正常，会直接影响到你的心态，也会影响到你的工作效率。试想，一个老板，一大早走进公司就阴沉着脸，下属看见了会做何感想？他会想老板不是跟太太吵架了，就是公司的事情有些不妙了。而如果你只是一个下属，你恐怕更得学会控制你的情绪。因为没有一个老板希望自己下属的情绪反复无常，遇到事情不会控制自己。

美国密歇根大学心理学家南迪·内森的一项研究发

现，一般人的一生平均有30%的时间处于情绪不佳的状态，因此，人们常常需要与那些消极的情绪做斗争。

消极情绪对我们的健康十分有害。科学家们已经发现，经常发怒和充满敌意的人很可能患有心脏病。哈佛大学曾调查了1600名心脏病患者，发现他们中经常焦虑、抑郁和脾气暴躁者比普通人高3倍。

因此，可以毫不夸张地说，学会控制你的情绪是你生活中一件至关重要的大事。当你闷闷不乐或者忧心忡忡时，你要做的第一件事是找出原因。

25岁的林子是一名广告公司职员，她一向心平气和，可有一阵子却像换了一个人似的，对同事和丈夫都没有好脸色。后来，她发现扰乱她心境的是担心自己会在一次最重要的公司人事安排中失去职位。当她了解到自己真正害怕的是什么，她似乎就觉得轻松了许多。她说："我将这些内心的焦虑用语言明确表达出来，便发现事情并没有那么糟糕。"找出问题的症结后，林子便集中精力对付它，"我开始充实自己，工作上也更加卖力。"结果，林子不仅消除了内心的焦虑，还由于工作出色而被委以更重要的职务。

可见，生活中的许多事不是像我们想的那么糟糕，只要我们能很好地控制自己的情绪，许多事是可以由消极转化为积极的。我们要做的是成为情绪的主人，做一个更有思想、更理智的人。

人类是一种情绪化的高级动物，而情绪的变化会直接影响人们的生活。情绪总会随着人们的心情即兴发挥。当坏情绪到来的时候，不但会使人们生活得不愉快，很多时候还会因此而得罪自己身边的人，甚至是要好的朋友。可以说，坏情绪给人们带来种种不良的影响，是它导致了很多不愉快发生。因此，我们一定要经常注意自己的情绪，并及时对其做出调整，使自己保持一个良好的精神状态。

当一个人心情愉快的时候，生活会非常幸福和美满，每天都会生活在快乐当中。这个时候，任何事物在自己的心中都会感觉很好，即使在处理一些烦琐的事情的时候也不会因为麻烦而感到不快，同时也一定能和身边的人相处得非常融洽。反之，当一个人心情很差、情绪低落的时候，生活就会因此而变得严峻和残酷。他们会感觉到生活到处充满了危机，各方面的压力压得自己喘不过气来，这样一来，每一个小小的触动都会引起这些人大发雷霆。在这些人身上，很难会发现快乐的影子。怀有不良情绪去做事的人，不可能将一件事情顺利地做好，因为在与别人交往时，他们大多会感到厌烦，从而不能与他人良好地相处，这样就会产生一些不必要的争执，也就使事情无法顺利地进行下去。

其实，在很多时候一件糟糕事情的发生往往都是由不良情绪而引起的，而这种情绪是完全可以自我控制的。也就是说，只要我们能调整自己的情绪，克制自己不要把坏情绪发泄在别人身上，就可以顺利地做好每件事，从而也就会使自己生活得非常快乐。一个懂得自我调节情绪的人的人生一定是充满快乐的，他们可以将一切不愉快的事远远地抛在脑后，享受快乐的生活。

精神崩溃到极点，最有可能逆袭

心态若改变，态度跟着改变；态度改变，习惯跟着改变；习惯改变，性格跟着改变；性格改变，人生就跟着改变。

愉快可以使你轻易接受生命的每一跳动、生活的每一印象，不管躯体或是精神上的愉快都是如此，可以使你的身体发展，身体强壮。

英国伟大思想家欧文曾这样说："人类的幸福只有在身体健康和精神安宁的基础上，才能建立起来。"最美好的幸福和快乐需要建立在健康上面，一个失去健康的人即便能体会到快乐，可始终都会有些缺陷。一个人情绪的好坏，将直接影响到他的健康。俗话所说的“笑一笑十年少，愁一愁白了头”，也就是这个道理。

当一个人在心情不好的时候，往往会将自己关在房里，不跟人说话，锁着眉头胡思乱想，结果只会让自己心情变得更加糟糕。这是心情不好的根源之一。所以，每个人都要学习放下不好的心情，让好心情主宰生活。下面阿祥的人生大转折故事，需要用一个平静淡然的心态来细细品味。

阿祥是英国曼彻斯特市格雷大街中学的校工，尽管他的薪水并不高，每周只有5英镑，但他总是很尽责地把校园打扫得干干净净，包括校园角落里也一干二净，几乎到了一尘不染的地步。可没想到，到这年年底，阿祥一向都很敬佩的老校长退休了，新校长是约翰逊先生。新官上任三把火，约翰逊先生自命不凡，他上任没多久就宣布：从下周一开始，学校里的全体员工每天必须在考勤簿上签到，并且注明时间；否则，严办。

转眼到了周五，约翰逊先生把考勤簿拿来查看，只见上面被签得密密麻麻的，情况好极了！他满意地准备把考勤簿合上，却忽然发现了一处很不协调的空白，特别醒目。他马上命令：“找来那个不服帖的人。”那个不服帖的人很快便被找来了，他就是阿祥。约翰逊先生一见他，便极为不满地说："听着，阿祥，所有员工必须在考勤簿上签到的制度，你知道吗？"

阿祥恭敬地回答："当然，先生。"

"那么，"约翰逊先生追问道，"你签了没有？"

阿祥实话实说："没有，先生。"

"我一旦定下制度，就意味着每个人必须照办。"约翰逊先生顿了一下，又反问道，"你懂吗？"

"非常清楚。"

约翰逊先生不禁有些愠怒，嚷道："懂？那你为什么不签？"

阿祥涨红了脸，半天不说话，以实相告："因为我签不好，没办法。"

他的话让约翰逊先生吃惊不小："天啊！下一句话，你该不会说，你不识字吧？"

"确实不识字，先生。"阿祥回答。

"真是天方夜谭！简直令人难以置信：一个在教育机构工作的人竟不识字……"约翰逊先生略一沉吟，"够了！阿祥，你知道我这儿不容许低效率，给你两周时间另谋生路吧！"

这一下，阿祥真急了，说："可是，先生，我在这儿已经干了23年，校园里处处整齐干净，从来没有谁指责我工作不尽职，为什么要辞退我？"

不等他说完，约翰逊先生便打断，说："事实倒是真的。但是，无论如何，堂堂教育机构总不能容忍一个文盲员工存在，这是最基本的原则。"

见约翰逊先生下了逐客令，阿祥也只好怀着无可奈何的心情离开了校园，此时已近晚餐时分。然而，当阿祥准备到自己常去买香肠的那家食品店时，却猛地想起：这家食品店的店主前三周去世了，店门至今是铁将军守门——锁了一把锁。阿祥的心情坏到了极点，他暗暗地骂上帝："真该死，为什么街道不多开三五家香肠店呢？这样不是更好地为顾客这些真正的上帝服务吗？"

这时，一阵微凉的夜风迎面吹来，一个念头也像闪电般跟着晃进了阿祥的脑子里："既然这样，自己为何不开一家呢？就把威格丝太太的食品店盘过来作为自己的谋生之路！"他不禁为自己的想法而兴奋不已，失业带来的坏心情也被他抛到了九霄云外，连口哨都吹响了。

一个半星期后，他的食品店便正式开张了。开始时，生意很清淡，阿祥灵机一动：如果把香肠做熟再卖，可以更好地打开新局面。于是，他开始加工香肠，并削制了许多小竹签，把香肠夹在半切开的面包里、穿在竹签上卖。正值11月份，天寒又多雾，热香肠诱人的香味吸引来一批又一批的顾客，阿祥的生意自然愈做愈大，连开了十几家连锁分店。他并没有满足，迫切感到事业的长期发展需要新的技术水平，于是顺理成章地向学区教育委员会申请创建一所“香肠制作技术专科学校”。

申请得到了学区教委的大力支持，筹备工作进展得极为顺利，双方一致商定：由学区委派正、副校长，而教师则主要从高、中级职员和技术工人中选聘。

三天后，副校长给阿祥打来电话：“阿祥香肠制作技术专科学校不久要开学，特请董事长题写校名。”阿祥不禁哑然失笑，回答：“副校长先生，真对不起，还是请你们中间哪一位代劳吧，我写不好。”副校长很不愉快地说：“阿祥先生，不要推辞了，像您这样卓有成就的实业家，不是出自‘剑桥’‘牛津’，就是在其他名牌研究院所深造过。”见对方有所误会，阿祥只好坦言相告：“副校长先生，我真的写不好。说来也许您不相信：十多年前，我还是个大老粗，就连自己的名字也是做生意以后才练好的。”听到此言，副校长沉默了好一阵才说：“阿祥先生，您真了不起，在没有受过正规教育的条件下，事业竟然如日东升。我大胆猜想，假如您10年前就能读会写，今天又该更上一层楼！不，更上三层楼？”

阿祥放声大笑，然后又自曝“家丑”：“10年前，我是格雷大街中学的校工，一周只不过5英镑！”

“啊……”电话里传来一声极其复杂的声音。原来这位副校长正是当年把阿祥赶出校门的约翰逊先生，真是冤家路窄。

这是一个意味深长的故事。在生活中，当我们遭遇一些不如意的事时，我们要狠下心来，把坏心情远远抛开，才能让自己重新踏上新的征途。

人的一生注定会经历很多开心或是不开心的事，我们往往会因为受到一些不良因素的影响而产生坏情绪。诺贝尔医学奖得主卡瑞尔博士说："在现代紧张的都市生活中，能够保持内心平静的人，才能免于精神崩溃。"对于出生在这个竞争激烈时代的我们，更应该学会自我调整情绪，才可以更加健康地生活着。

别把欲望当追求

欲望是人遭受磨难的根源。诚然，欲望可以使人得到欢乐和幸福；但这欢乐、幸福的背后却是苦难，乐极是要生悲的；一切欲望实现之后，却也免不了灾难。

欲望是人的一种生理和心理本能。人要生活下去，就会有各种各样的欲望。但是，欲望也是有上限的，多了、大了，就会让你的心迷失了方向。当然，正确的欲望往往是人们通往成功之路的必然条件。

欲望让人富有成功的激情，欲望也让人的心灵过于沉重。欲望的心理对于那些成功的人来说是必不可少的。然而欲望的心理又让他们比别人过得更加沉重。

在小时候，经常听父辈们给我讲起《芝麻开门》的故事：从前有一群强盗，他们把所有抢来的财宝都收藏在了一个山洞里。

有一天，一个上山打柴的年轻人无意中经过那座山洞，并且发现了强盗们正往洞里搬一些财宝。他的欲望心理一直支配着他。于是，他慢慢地等，终于一天之后，这些强盗关了山洞的大门，再一次出发抢东西去了。年轻人急忙走了下来，用自己身上的衣服包了一小部分金币、珠宝，然后满足地走了。

回到家，他的哥哥知道了年轻人的奇遇，在他的软磨硬泡之下，年轻人把山洞的秘密说给了他，于是哥哥找了十匹马进了山里。经过一番努力之后，他找到了那个山洞，于是他一次次地装满，再一次次地运走。

欲望使这个哥哥迷失了心智。一次不够运两次，两次不够运三次。可是这次他没有以前的好运了，强盗们在他把财宝运回家的时候回到了山洞。他们很快发现自己的财宝少了很多，他们意识到这个山洞被人发现了，于是他们在山洞里藏了起来，他们要等着那个夺取他们财宝的人。

当年轻人的哥哥再一次进洞里搬运财宝的时候，强盗们走了出来。年轻人的哥哥发现情况不对，于是想夺门而逃，可是他怎么是这些身手敏捷的强盗的对手呢？结果被这些强盗杀害，头还被挂在了洞里，以告诫那些发现洞中秘密并且想拿走他们财宝的人。

这个故事很简单，却告诉我们，如果一个人过于贪婪，就会鬼迷心窍，最终走上不归之路。

美国耶鲁大学一位博士生曾经极有见地地写道：“人类未来的希望不在于财富的增加，而在于欲望的减少。”

一个乞丐讲了个有意思的故事，作为乞丐的他总想着，自己什么时候能有个两万块钱就好了，他可以不用再行乞，就可以回家做点小生意糊口。

机会真的出现了。有一天，这个乞丐在流浪时发觉了一条跑丢的小狗。这条小狗不同于以往的流浪狗，雪白的毛，漂亮的大眼睛，可爱极了。乞丐便把这条狗悄悄地抱回了他的地窖里面。

乞丐没有猜错，这条狗果然不一般，它是国外进口的名犬，原来它是本市一位富翁的宠物。富翁平时对它宠爱有加，那天一不小心把狗给丢了，十分着急，在当地的电视台发了一则广告，只要有人能把狗还给他，就能得到两万元的报酬。

乞丐知道这个消息以后手舞足蹈，一想到能拿到一大笔钱，想象着自己在老家可以过上富裕的生活，乞丐差点笑出声来。他抱起小狗准备去领两万元的酬金，可是当他匆匆忙忙抱着狗路过贴示处的时候，发现启示上的酬金已经变成了3万元。原来大富翁着急找回自己的小狗，已经把酬金提高到了3万元。

乞丐向前的脚步忽然间停了下来，想了想又转身回到了地窖，重新拴起了小狗。做了一个让他一生都后悔的决定：他要等酬金继续涨起来，才把狗还给失主。就这样，第三天，酬金真的涨了，第四天又涨了，直到第七天，酬金涨到了让市民都惊讶的地步，大家都在议论这狗到底在哪儿，甚至有人放弃了工作专门去寻找这条小狗。

乞丐再也忍不住了，他飞快地从告示处跑回地窖，决定去领取那份让自己后半生衣食无忧的酬金，当他看见小狗，整个人都傻眼了，小狗一动不动地躺在那里。乞丐只惦记着酬金，然而却没有照顾小狗，可爱的小狗已经饿死了。乞丐的富贵梦破灭了，最终一直做着乞丐。

我们感觉不幸福，不是因为自己得到的太少，而是因为得到的不能使我们满足，欲望成了我们到达幸福彼岸的鸿沟。

欲望是无止境的，它会不断膨胀。可是现实中不可能总有好运气来满足你不断膨胀的欲望。欲望太高，结果往往会让一切成为泡影。控制自己的欲望，见好就收才是明智之举。

偶尔患下失忆症

一个人如能让自己经常维持像孩子一般纯洁的心灵，用乐观的心情做事，用善良的心肠待人，光明坦白，他的人生一定比别人快乐得多。

每个人都有过去，有过辉煌，有过骄傲，也有过失败，还有过痛苦和失落。这些都储存在记忆里。于是，我们带着记忆上路，带着过去上路，带着以前的悲与喜上路。

有一个人去爬山，他带了一个很大的背包，里面都是些必需品，有食物、水、指南针、护理药品、绳索，还有各种各样的瓶瓶罐罐。这些东西太重了，山路又十分陡峭，还没有爬到一半他就累得喘起粗气来。他坐在地上歇了半天，然后又继续往前走。但是没有走多远，又累得满头大汗，只好又停下来，坐在路边休息。就这样，一会儿行，一会儿歇，总算爬到了半山腰。这时山上下来一个老农，见他这副模样不禁哈哈大笑起来。他问老农为何笑他，老农说："爬山就是向上走，眼睛就要向前看，没有用的东西就要统统丢掉，像你这个样子，爬到了山顶，恐怕也快累死了。"

年轻人一听，觉得老农说得很对，于是就忍痛扔了那些不重要的东西，结果爬山之路果然轻松了很多。

人生，也是向上走，眼睛也应该向前看，不应该留恋过去。过去的，就让它过去吧，无论是什么，都已成了历史，应该埋进时间的尘埃中去。

或许，你会留恋过去的辉煌、过去的掌声、过去的鲜花，但那些毕竟都是往事了，留恋是没有任何意义的，反而会成为累赘。

"智慧的艺术，就在于知道什么可以忽略。天才永远知道要舍弃什么！"是的，该忽略的就忽略；该放手的就放手。生命的过程就如同一次旅行，如果把每一次的成败得失都扛在肩上，今后的路又怎么走？

所以，让我们把过去的一切埋葬，与过去说声再见，潇洒地跟往事干杯！

上天赐予我们宝贵的礼物之一便是“遗忘”。学会遗忘，可以放下过去的包袱，可以活得更加轻松。

人们往往忽略了遗忘，因为所有的教育、所有的理论都在强调记忆的好处。

美好的事物容易忘却，痛苦的记忆却总是长久地储存。因为那些事情的确撼动过心灵，而人类的天性似乎总是将目光锁定在“已失去的”或“没有的”，而忘记了“已有的”和“曾经拥有的”，这也是我们会感到苦恼的原因。

一个人，只有学会淡忘，才会活得幸福。可是我们总忘不了，这是因为我们不想放下，如果可以放下，自然也就可以淡忘了。

一座古庙坐落于风光秀丽的峨眉山。山上树木秀美，山下绿水潺潺。庙里有个老和尚，每天都会在傍晚时分出来散步。他有一条小犬，名叫“放下”。

小和尚觉得很奇怪，一直想知道师父为什么给小犬起这么一个名字。老和尚不语，只说了句“自己去悟”。小和尚只好每天观察着师父，他见师父每天都会带着“放下”在林间散步，赏落日，迎清风，优哉游哉，小和尚大悟。原来师父每次叫小犬“放下”，也是在提醒自己放下啊！

人生总会有太多负担，我们必须像那位禅师那样学会“放下”。因为只有这样才会放下俗世烦扰，自由自在地生活。

有一个女孩，年纪轻轻得了白血病，眼见生命垂危，父母悲痛万分。女孩却很坚强，尽管她身体虚弱，但是每天都会给母亲讲笑话，让母亲陪她散步。

她喜欢夕阳，每天都会出神地坐在那里看它静静地沉落。她看得那样出神，以至于忘了周围的一切。每到这时，母亲便会悲痛万分，她知道女儿之所以对夕阳那样迷恋，是因为她知道自己以后再没有机会看到了，因此她总会流泪。女儿笑着说：“夕阳落了，世界才会宁静。”

女儿的病已经越来越重，父母守在女儿的病床前，泪流满面。女儿仍是那样镇静，微笑着对他们说：“忘记我的离去，我就会永远生活在你们心中！”说完，女儿闭上了眼睛。他们痛不欲生，但女儿的话鼓励了他们。是的，忘记她的离去，她就会永远生活在你的心中。

人生的路上，我们所看到的，并不都是美丽的风景，这时，就要学会遗忘。遗忘，是一种解脱。只有学会遗忘，我们才能以更加积极的心态去面对生活。

好心态是个伪命题

人生的道路都是由心来描绘的。所以，无论自己处于多么严酷的境遇之中，心头都不应为悲观的思想所萦绕。

态度就像一块磁铁，我们的思想都要受它的牵引。全美国最受尊崇的心理学家威廉·詹姆斯曾说过：“我们的时代成就了一个最伟大的发现：人类可以借着改变他们的态度，进而改变自己的人生！”

面对生活，你采取的态度是什么？有的人自怨自艾，有的人却满怀希望；有的人身在福中不知福，有的人却可以在苦难中寻找自己的乐趣。

哈佛大学做的一项调研发现：人生中85%的成功都归于态度，15%则归于能力。研究人类行为的专家都认为：一切成功的起点，是培养一个好的态度。

有一个大家耳熟能详的故事。两个卖鞋的人一起去非洲开发一个新市场，第一个业务员的反应是：很遗憾，这儿没一个人穿鞋，他们都光着脚。但第二个业务员刚一到达目的地就高兴地跳了起来："太好了，这儿所有的人都没有鞋穿，所以有很大的市场开发潜力。"第一个人空手而归，第二个人却拿到了一笔大订单。

同样的情况，不同的心态；不同的心态，不同的结果。

积极心态是一种对任何人、情况或环境所持的正确、诚恳而且具有建设性的态度。积极心态使你扩展希望并克服所有消极思想。它给你实现欲望的精神力量、感情和信心，积极心态是迈向成功不可或缺的要素。

如果你认为所有的事情都很糟，就不可能用正常的心态去对待，态度就会消极，而消极的态度也会反映在行动上，让你尝到失败的滋味。如果把思想引导到奋发向上的念头上去，就会形成积极的思路，于是行动也就变得积极起来。

美国作家兼演说家海利提供的一份资料表明：美国合法移民中成为百万富翁的概率是土生土长美国人的4

倍。而且不管黑人白人或其他种族，不论男女，全无例外。原因就是他们在面对困难时所采取的态度更积极。

当这些移民初来到美国的时候，眼前的一切令他们难以置信，很多时候，他们见到的是无法想象的美丽、豪华与遍地的机会。他们以积极的心态面对一切。他们惊讶地看到报纸上数不清的求才广告，然后马不停蹄地四处应聘。移民在美国的低薪资和其他国家比起来，已是高薪资，他们在生活上力求简单俭朴，若有需要，还会找两份工作，他们做起事来格外勤奋，所有的钱都存下来。几乎每个人都衷心感谢美国及它所提供的机会。正是这种心态让他们在面对困难时更加坚强，让他们在遇到挫折时更加乐观，所以成功的概率也就大大增加了。

消极的心态则恰恰相反，它使人看不到希望，进而激发不出动力，甚至还会摧毁信心，使希望破灭。消极心态如同慢性毒药，吃了这药的人会慢慢变得消沉，失去动力，而成功就会离消极心态的人越来越远。1952年，世界著名游泳好手弗洛伦丝·查威克尔从卡德林那岛游向加利福尼亚海滩。两年前，她曾经横渡英吉利海峡，现在她想再创一项纪录。

这天，当她游近加利福尼亚海岸时，嘴唇已经冻得发紫，全身一阵阵地颤抖。她已在海水里泡了好几个小时。远方，雾气茫茫，使她难以辨认伴随着她的小艇。

查威克尔感到难以坚持，便向小艇上的人求救。艇上的人劝她不要向失败低头，再坚持一会儿，她会成功的。但浓雾使她看不清海岸，冰冷的海水也让她难以忍受。她再三请求，于是他们把她拉上了小艇。后来，她才知道，其实当时她离岸边只有一英里远，只要她稍稍坚持就能成功，但她的怀疑和恐惧使她与成功失之交臂。

在生活中，我们必须树立积极的心态，它可以让我们在面对困难时更加从容。太多的人尝到了失败的滋味，没有调整好自己的心态，让自己生活在怀疑、自卑、犹豫和恐惧的泥沼里。

有一个学生为了赚取生活费，单独照顾一位老妇人。这位老人天天失眠，每晚都要服一粒安眠药才能入睡。有一天晚上，这位老人因为没有安眠药了跑来敲学生的门，问他有没有安眠药。

这个学生没有安眠药，但他还是回答道："我有，放在楼下，请您稍等一下，我马上下去取。"然后，他飞快地跑到楼下，到厨房里取了一粒大青豆。

他知道老人视力不好，难以辨认，于是回到楼上说："这是一颗大号的药丸，治疗失眠效果很好，你服用一次就知道了。"

老人信以为真，把它吞了下去，结果一晚上都睡得很好。从那以后，这位学生就用这种办法治好了老妇人

的失眠症。

一种思想会在一个人心中盘踞成长。如果那是一粒消极的种子，就会结出消极的果实；如果是一粒积极的种子，就会结出积极的果实。如果想让自己的生活中永远充满阳光，就请树立起良好的心态来吧！

不要让病态的野心杀死你的努力

积极的人像太阳，走到哪里哪里充满光亮，消极的人像月亮，初一十五不一样。快乐的钥匙一定要放在自己手里，一个心灵成熟的人不仅能够自得其乐，而且，还能够将自己的快乐与幸福带给身边的人。

有时候，积极思想之所以无效，最重要的一点是没有真正去实行。积极思想需要不断训练、学习，必须乐意主动去实行，有时候要经过一段时间后才能见效。

当一个人具有积极的心态时，无论遇到多大的困难，都有勇气去克服。这些逆境不但不会阻碍他，还会激发出他体内的斗志，让他变得越来越强大。一个人的思想决定一个人的行动，所以健康的思想对一个人的发展是有很大好处的。

查理出身贫寒，高中毕业后就离开了家，一个人跑到纽约闯荡。在这儿，他结识了许多“边缘人物”，偷渡者、走私犯、盗贼等。他学会了赌博，经常输个精光，而且还因走私麻醉药品被判了刑。

开始的时候，他在狱中很不安分，经常威胁说要越狱。但后来一个偶然的机会让他转变了态度，他变得乐观起来，而狱中生活也向着更有利的方向转变。

他不再好斗，不再处处与狱官为敌。他的行为由于态度的转变而有所不同，因而博得了狱官的好感。

后来，一家公司的经理因被指控犯了逃税罪而入了狱。查理对他一直很好。这位经理也十分感激查理对他的友谊和帮助。在出狱时，他对查理说：“你对我十分友好，出狱后请来公司找我，我将给你安排一份工作。”

查理获释后，就来到了这位经理的公司。这位经理如约给查理安排了工作，并在逝世时把整个公司交给了他，查理成了这家公司的董事长。

从这里可以看出乐观心态的重要性，哪怕处于一个不利的环境中，我们以更加积极的态度去对待生活，生活就会充满阳光。

亚伯拉罕·林肯说过：“人想要愉快到什么程度，他大体上也就愉快到什么程度。你能够决定自己头脑中想些什么。你能控制自己的思想。”

积极的思想只有在你相信它的情况下才会发生作用，你必须将信心与思想结合起来。很多人发现积极思想无效，原因就是他们信心不够。因为不相信自己、怀疑自己，而不停地给自己泼冷水，结果让热情、信心、希望全部消失，使我们在面对困难时更倾向于逃避，消极思想占据了头脑。

消极思想对于我们的个人发展来说，其危害是巨大的。它会让我们失去斗志，让我们在面对困难时妥协，在生活中也显得更加无力。如果你想获得成功，就一定把这种思想从头脑中消除，只有这样，自身才会得到健康的发展。

生活中，消极心态主要有以下8种类型：

（1）愤世嫉俗，对社会、对周围的人存在着敌视的态度。

（2）没有目标，寻找不到生活的方向，浑浑噩噩。

（3）自制能力差，没有恒心，遇到困难容易退缩。

（4）贪婪吝啬，挥霍无度，对金钱有着强烈的占有欲。

（5）自我认识出现偏差，自高自大，目中无人。

（6）不讲信用，虚伪狡诈。

（7）自轻自贱，陷入自卑不能自拔。

（8）不脚踏实地，陷入空想，希望不劳而获。

我们必须及时地清理掉这些思想上的垃圾，努力建立积极的心态，否则会对发展带来极大的不利。因为它会让我们看到情况最坏的一面，想到最糟糕的地方，从而停步不前。

那么如何才能清除掉这些消极的思想，让自己建立起积极的心态呢？

首先，要学会转移注意力。当我们头脑中出现不良的思想时，要赶紧做一些其他的事情，让自己忘掉目前的状况，比如，从事一些体育运动或和朋友聊聊天儿。总之，当不良思想出现时，就立刻将它消灭在萌芽状态中。

其次，多想一想自己身上的优点、特长，这样可以提高自信心，而自信心是消极思想的最大杀手。当然这并不是让大家盲目自大，那样也是一种不健康的心理状态，那会让我们不切合实际而脱离自身的能力，最后也只能导致失败。我们所说的是要正确地认识自己，对自己进行充分的肯定，让自己正确地面对挫折。

最后，不要常去回想那些令自己感到沮丧和泄气的往事，这对改变现状没有任何作用。多谈论一些快乐的事情，培养快乐的思维，这样便会产生积极的情绪和行动，才能以更好的心态去面对困难。

00

心理自助：快速调动好情绪的方法论

6

快乐是一种奢侈。若要品尝它，绝不可缺的条件是心无不安。心若不安——即使稍受威胁，快乐就立刻烟消支散。

——司汤达

尴尬时刻，皮一下就好

快乐不是件奇怪的东西，绝不因为你分给了别人而减少。有时你分给别人的越多，自己得到的也越多。

美国最杰出的推销专家克莱门特·斯通曾经说过：“你对自己的态度，可以决定你的快乐与悲哀。如果你把自己看成弱者、失败者，你将郁郁寡欢，你的人生也不会有太大的作为；如果你把自己看成强者、成功者，你将快乐无比。”

对于乐观者来说，生活中根本没有什么是令人痛苦的，他们的生活永远充满快乐。这正如先知纪伯伦所说："你用欢笑所升起的井里，往往充满了你的眼泪。悲伤在你心里刻画得愈深，你就能包容越多的快乐，你快乐的时候，好好审察你的内心吧！你就会发现曾经令你悲伤的，也就是曾经令你快乐的，其实令你哭泣的，也就是曾经给你快乐的。"只要你用心，你就会在生活中发现快乐。痛苦往往是不请自来，而快乐和幸福往往需要人们去发现，去寻找。

快乐的人都会说，我们是可以快乐的，只要我们希望自己快乐。那么，我们如何才能找到自己的快乐呢？这其实并不难，只要我们认识到悲伤和快乐是密不可分的，悲伤和欢乐也常常是形影相随的。不管我们现在拥有快乐比较多，还是拥有悲伤比较多，我们都要感受到快乐与悲伤往往就是一线之隔而已。

我们生活在这个世界上，都是为了追求自己的幸福和快乐。我们只要过好属于我们的每一天，用心感受生活中的一点一滴，从每一件平常的小事中寻求快乐，我们的生活就一定能充实和快乐。快乐的过程，往往与我们的心境有关，我们每个人都有情绪的波动，但只要遇事学会摆正自己的心态，总往乐观的一面去想去做，就会获得积极而有成效的结果。

快乐是我们自己心境的选择，当我们勇于选择快乐时，悲伤就会自动远离我们。但令人困惑的是，很多人都选择了不幸、沮丧和愤怒，他们并没有选择快乐，在他们看来，快乐并不是发生在我们获得我们需要的东西之后，而通常发生在我们选择快乐之后。无惧面对生命带给我们的考验，接受大自然法则，勇于搜寻和发问，在我们灵魂中保持宁静和信心，这些都是获得快乐的信念之一。

快乐不是来自外界的侵扰，而是自己的一种主观感受，是一种快乐的心理感觉。

著名足球教练米卢说："态度决定一切。"要想活得快乐，就要学会改变态度。我们永远无法改变客观存在的世界，但改变态度的按钮，却时刻掌握在我们自己的手中。如果你痛苦了，悲观了，赶快按一下那个叫态度的按钮吧，就在你松手的瞬间，也许一切都会悄悄改变！

关闭情绪低落开关

快乐和痛苦从来不会同时降临到一个人身上，但是如果你追求它们中的某一个并且有所体验，你几乎总是不得不体验到另一个，它们就像受同一个大脑指挥的两个躯体一样。

究竟什么样的人才是最快乐的人，是国王？首相？议员？还是腰缠万贯的大富翁？以上答案都不是。快乐与地位、名气无关，它属于那些为生活辛勤付出的人。

我们的人生很大一部分时光都在工作中度过，人生的快乐与安慰来自工作中的勤奋和努力。

在工作中，我们要培养自己的乐观精神，对工作充满信心和热忱。一个每天致力于努力工作的人，他会由衷地体会到工作的快乐，这样能使工作中的难题在我们面前迎刃而解。其实，我们享受工作乐趣的方法很多。如果不能从工作中体会到乐趣，就辜负了自己的工作。古今中外的艺术家、音乐家或各种杰出人物没有一个不以工作为乐趣的。

所以，工作中的我们一定要找到我们所喜欢且擅长的部分，并为之付出我们的激情。我们只有这样做了，才能在工作中体现出自己的价值。

在打击和不幸面前，希望使我们的心理承受能力增强，使我们能够一往无前地顽强拼搏，使我们凡事都往好处想。

每个人都必须面对这样一个奇怪的事实：在我们这个世界上，成功卓越的少，失败平庸的多。成功的人活得充实、自在、潇洒，失败平庸的人过得空虚、艰难、猥琐。

要想自己快乐，心中一定要充满无私、不计报酬的爱心。

这让我想起了约翰·洛克菲勒，正逢他事业巅峰、财源滚滚的时候，他的个人世界却崩溃了，标准石油公司也一直灾祸不断——与铁路公司的诉讼、对手的打击等。遭受过他无情打击的对手，没有一个不想把他吊在苹果树下。威胁要他性命的信件如雪片般飞入他的办公室。

后来他终于退休了，他开始学习打高尔夫球，从事园艺，与邻居聊天、玩牌，甚至唱歌。他开始替他人着想，不再只想着如何赚钱，而是开始思考如何用钱去为人类造福。总而言之，洛克菲勒开始把他的亿万财富捐赠出去……于是，洛克菲勒开心了，他彻底改变了自己，使自己成为毫无忧虑的人。

洛克菲勒还给慈善业带来了一场革命。在他之前，捐赠人往往只是资助自己喜爱的团体，或者馈赠几幢房子，上面刻着他们的名字以显示其品行高尚，而洛克菲勒则致力于建立一个更加科学、更加规范的慈善体系。

洛克菲勒最后留给家族的不仅仅是财富上的传承，他对慈善事业的这种全身心的倾注，使他的一生创造了许多奇迹，但最震撼人心的，当属他“死于53岁”又活到98岁，多活了45年的生命奇迹！捐赠给他带来了快乐，也使慈善事业成为整个洛克菲勒家族的传统，并得以继承和延续。

另外，快乐就是要有助人为乐的能力和技能。

拉布吕耶尔曾经说过：最好的满足就是给别人以满足。著名作家狄更斯也说过：世界上能为别人减轻负担的都不是庸庸碌碌之徒。帮助别人可以使我们赢得友谊，可以给我们自己带来快乐，朋友之间更是这样，当然，助人为乐并不是要献出生命，而是一种自然的流露。

当别人处于困境的时候，我们要学会关心和体贴他人，主动去帮助别人。助人为乐，也是人际交往的一种高尚的行为。人间的生活本来就是酸辣苦咸的，但做人的情操和理念却是我们需要时刻把握的。

总之，助人为乐是社会的一大美德，你在帮助别人的同时，也帮助了自己，让自己快乐和充实。甚至有一些研究人员认为，养成助人为乐的习惯是预防和治疗忧郁症的良方。这其实是一种双赢，我们又何乐而不为呢？

懂得快乐让你活力重现

快乐，使生命得以延续。快乐，是精神和肉体的朝气，是希望和信念，是对自己的现在和未来的信心，是一切都该如此进行的信心。

快乐与否，与自己的心情有关，心情好的时候，我们自然就会感到快乐。心情的好坏是可以选择的，我们何不选择好心情让自己快乐多一点儿呢。

祸兮福所倚，福兮祸所伏。在挫折、不幸、灾难或厄运降临的时候，我们务必保持乐观精神，而不能被悲观的心态俘虏。我们左右不了外部的世界，但是，我们可以把握自己的心态。只有我们把握了自己的心态，才能拥有一个美丽而安宁的精神世界。古希腊哲学家艾皮克蒂塔有句名言：“一个人的快乐与幸福，不是来自依赖，而是来自对外界运行规律的追求。”

作为一个乐观者，要尽量把烦恼和忧愁从自己的心中排除出去，这样就可以做到每一分钟都过得有意义、有价值。

乐观的人常常自我感觉良好，对失败拥有可贵的“马大哈”精神。你对事情的态度，可以决定你是否快乐。抛弃悲观消极的情绪，选择积极乐观的心态，才能做快乐的主人。

一个人要过得快乐，最主要的是有一种快乐的心境。一个人有了这种美好的心境，就不会得意忘形，失败也不会痛苦失态。如果我们用这种平和的心境来对待生活，那么我们做每一件事，都会形成一种自觉、一种快乐，就不会觉得那么累了。

在生活中，我们会感受到刺激和反应，有的人认为昂贵的居室、颇高的收入等是刺激快乐的产生，美好的爱情也是刺激快乐的产生。其实不然，快乐是一种选择。这种选择便是一种刺激。“因为我快乐，所以在任何事情上都会有成功之处；因为我快乐，就能很好地爱护拥护周围的一切；因为我快乐，就会拥有并感受着自然的温暖；因为我快乐，就会……”

快乐是对我们生活中每天做的事情的有意义的选择，因为某些原因，许多人选择了与痛苦、沮丧、灰心做伴。快乐不是因为我们得到了什么才会出现，而是因为我们选择了快乐，才会得到想要的东西。

亲爱的朋友，为自己制定一个享受快乐的法则吧！珍惜每一天的阳光、每一个日子，欢乐女神将会对你宠爱有加，经常光顾你的心灵小屋，敞开你的心扉迎接快乐吧，你的生活将会更加绚丽多彩。

学着做个快乐的人，可以从以下 4 个方面着手：

1．别盯住事情的消极面

别总是对自己说："我真倒霉，总被人家曲解、欺负。"把注意力放在与别人友好和善上，把愉快、向上的事串联起来，由一件想到另一件，你就可以逐步地排遣自怨自艾或怨天尤人的情绪。

2．不要制造人际隔阂

别人在背后说自己的坏话，或者轻视、怠慢自己，想想不是滋味，故以眼还眼，以牙还牙，结果你又多了一个人际屏障，多了一个生活的死对头，那当然也使你整日诚惶诚恐，不知他在背后又要搞什么。

3．学会躲避挫折

遇到情绪不可控的时候，不妨暂时回避一下，转换下情绪。只要一段音乐，便会将你带到梦想的世界。如果你能跟随欢乐的歌曲哼起来，手脚舞起来，无疑，你的心灵会与音乐融化在纯净之中。

4. 切勿过于挑剔

大凡乐观的人往往是“憨厚”的人，而愁容满面的人，总是那些不够宽容的人。他们看不惯社会上的一切，希望人世间的一切都符合自己的要求，这样才感到顺心。生活的乐趣需要自己去体验，懂得享受生活乐趣的人才是真正会生活的人。如富商所言，我们并不需要什么事情，只是需要做事过程中拥有的兴趣，过程才是最重要的，因为乐趣就在这个过程之中。

每个人心里都住着一个孩子

欢乐的火焰大概是由意外的火花点燃的。人生道路上不时散发出芳香的花朵，也是由偶然落下的种子自然生长出来的。

古人说："人无癖不可交"，指的是没有兴趣爱好的人是不可交往的人，有兴趣的人则可以共同分享他们的兴趣快乐。所以，要培养自己的一些兴趣，以充实和丰富我们的生活。否则，没有兴趣的人生，何其乏味!

著名的畅销书作家韩娜曾写过一本书，书名叫《找准自己的位置》。他在书中写道："一个人只有找准了自己的位置，才能对别人感兴趣。看看那些对别人不感兴趣的人吧，他们的一生中的困难很多，对别人的伤害也很大。所有人类的失败，都出自这种人。”

风靡世界的魔术大师华泽丝顿没有接受过正规的学校教育，他很小的时候就离家出走，成为一名流浪者，搭货车，睡谷堆，沿门求乞，并通过铁路旁的标牌学习识字。但是，他却获得了惊人的成就，在40年的时间里，他到世界各地，一再地创造幻象，令观众迷醉，使大家吃惊得喘不过气来，他在世界各地为6000万名观众演出，被公认为魔术师中的魔术师。他是一个表演大师，了解人类的天性。他的所作所为，每一个手势、每一个语气、每一个眉毛上扬的动作，都在事先仔细地预演过，而他的动作也配合得分毫不差。我请华泽丝顿先生告诉我他成功的秘诀。他说，他所掌握的魔术手法跟其他同行一样多，并没有什么特别。但是有两样东西却是别人没有的：一是他能在舞台上彰显自己的个性；二是他了解人类的天性，喜欢别人对自己感兴趣。

他说：“许多魔术师看着观众时心底总是对自己说：‘瞧，台下的这帮傻子，略施小技就可以把他们骗得晕头转向。’而我每次上台前总对自己说：‘我很感激，这么多人来看我的表演，他们使我能够过上一种很舒适的生活。我要用满腔的热情和最高明的手法来满足他们的期望。’”

但是，世界上却总有不少人错误地选择了只想让别人对他们感兴趣!其实如果你真心地对别人感兴趣，两个月内你交到的朋友可能比一个只知道要求别人对他感兴趣的人两年内所交的朋友还要多。

在我们的身边，总有很多人在为生活奔波着，他们不仅为了生活身心疲惫，也为收入不高而感到十分消极。为什么？因为他们所想的一直是他们所要的，却没有考虑他应该对什么样的人感兴趣，结果就使他们自己陷入了一种绝境。所以，在我们的生活中，我们要想一想怎样为别人付出，我们才能创造出一种非常有价值的东西。

当然，世界上不乏贪婪、自私的人，因此，不自私而真心帮助别人的人，就会有很大的收获。他没有什么竞争者。欧文梅说:“一个能从别人的角度来看事情、能了解别人心灵活动的人，永远不必为自己的前途担心。”如果一天到晚只奔波于家和单位之间，除了吃饭、工作和睡觉之外，只过那种两点一线的生活，我们生活得是不是太过单调和乏味了？兴趣有如阳光一样，是我们每一个人所需要的，它对我们的生活能够起到调剂的作用。人生如果没有了兴趣，我们缺少的就不仅仅是物质的那份享受，有了兴趣我们的生活才有了激情和热忱及无限创新的可能。兴趣能使不同的人走到一起，使人与人之间的心灵更容易协商和沟通。

一个人一生的追求可能源于自己的兴趣，由于兴趣，人生得以充实而有意义，如果人没有了兴趣，我们这个世界除了单调之外，更多的会被嫉妒填充着，那么，人生将会缺少很多快乐。

人的兴趣爱好有时能够显示出一个人的身份、地位和财富。例如，有人喜欢打高尔夫球，认为会显出他的财富。有人喜欢收藏古董或古钱币，这不仅能显出他的财富，而且还能显示他丰富的文化艺术修养。

有了兴趣，才有了信仰，如坐禅和诵经等。甚至有时候，我们羡慕别人在某个领域的贡献和成就，自己也产生了新的向往，也能培养出兴趣，甚至也能成就别人那样的业绩。另外，一些有心人能够从兴趣中发展自己的专长，不但满足了自己的兴趣，而且造福了人类，为人类做出了贡献。

做什么都不能走极端，对待兴趣也是这样，我们不能养成不良的嗜好，有的人嗜酒如命，有的人对吸毒有着强烈的好奇心，有的人陷入狂赌中无法自拔，这可是自己最大的罪过了。与其说这是一种兴趣，不如说这是一种癖病或玩物丧志。最后还有就是，追求自己兴趣的时候，不能危害他人的利益，比如，有的人以破坏为乐趣，其实这算不得什么兴趣了，只能说是一种恶行罢了。

特别是老年人，兴趣可以使他们充实地度过余生，而不必忍受孤独和寂寞。兴趣使他们的人生有了光彩，有的甚至还会是一些有价值的事物，有的人能把兴趣发扬光大，使全社会受益。

兴趣最积极的意义便是可以激发我们的无限潜能，是我们日常生活的寄托。一个人如果从事了自己感兴趣的事情，则是一种幸运。即使我们没有从事自己的喜好，我们也要积极起来，主动寻找生活的兴趣所在，乐在生活中。

让工作成为享乐

所有的人都以快乐幸福作为他们的追求，没有例外，不论他们所使用的方法是如何不同，大家都在朝着这同一目标前进。

工作就是享乐，把自己喜欢的并且乐在其中的事情当成使命来做，就能发掘出自己特有的潜力。如果我们能保持一种积极的心态，即使是辛苦枯燥的工作，也能从中感受到享乐的价值，在你完成使命的同时，会发现成功的萌芽。

俗话说，不玩耍，聪明的孩子也变傻。娱乐对于我们来说，是一件多么重要的事情，如果能在工作中找到乐趣，就是一件非常愉快的事情。我们面临的问题是，我们怎样才能在工作中找到快乐呢？

有的人一想到工作，如临大敌，好像一个被迫做着家庭作业的孩子，虽然做着工作，可心思却是被动的，效率和成果也就谈不上了。与其说工作就是一场战斗，不如说工作是一种生活，战斗意味着拼杀，工作不应该是这样，工作应从从容容地去做。

不同的人对工作有不同的感受，有的人把工作当成战斗，甚至当成上刀山，下火海，工作时，总想避重就轻地做事情。工作真的是一场战斗吗？有这种想法的人生活得确实够累的。不妨把工作当成一场有趣的球赛，或者是一顿丰盛的晚餐，可能会带给自己意想不到的效果。正如那些人，他们把工作当成一种享受和快乐，总想多做一些事情，工作中他们忘记了自己，他们的成果堆积如山。

在我们的周围，总能看到一些人工作忙忙碌碌，手忙脚乱，总是被动地做着一切。这种工作状态是不会体会到工作的快乐的，只有那些专心投入在工作中，轻松愉快又充满无穷探索精神的人才是工作的主人，他们才能感到人生真正的喜悦。很多明智的人都认为工作的最高境界就是一种享乐，又有一些人的观点更惊人：工作就是玩。生活中，我们总能看到一些人对工作忘情地投入，那种情形着实令人羡慕。

大凡成功的人都是从杰出工作中走出来的，他们的成功之路是一条充满快乐的人生征途，哪怕是吃着黄连唱歌——以苦为乐，他们也从不沮丧和自暴自弃，为了成功，他们全力以赴，快乐地工作着。当然，并不是所有道路都充满着鲜花，但愉悦的工作可以使我们学会很多东西。我们追求工作的快乐其实就是追求幸福快乐的过程，希望自己拥有一个美好而温馨的日子。走的路多了，总能发现开满了鲜花、通向辉煌的路。

一个人如果能从工作获得快乐，那么他就不会感到工作的苦，可能使他成为一名技术高手，可能使他成为一名力挽狂澜的管理大师。哪怕是一份简单平庸的工作，也能给我们带来快乐，也能增加我们的威望和财富。

总之，快乐工作是一份责任心，是送给老板最好的礼物。当我们明白从任何事件和遭遇中都可以发掘快乐，都可以提升自我的道理时，我们的工作便成为一种享受。

社会学家瓦那梅克先生早就忠告过我们："在他看来，除非一个人对他的工作，他的未来怀有积极进取的愿望，并乐意去做，否则他肯定是做不出什么成就的，事实上，你如果有积极的进取心，你的身上就会产生十分惊人的力量。"

能出来浪就别自嗨

一个人只有时刻保持幸福快乐的感觉，才会使自己更加热爱生命，热爱生活。只有快乐和愉快的心情，才是创造力和人生动力的源泉；只有不断创造快乐，与自己快乐相处的人，才能远离痛苦与烦恼，才能拥有快乐的人生。

将快乐与他人分享会给更多人带去快乐，痛苦有人分担就会减轻。当人们快乐时，喜欢把高兴的事情讲给别人听，希望可以把自己的快乐分享给别人，但当人们遭遇不幸、痛苦时，大多数都选择自我承受，不愿意与别人分担。在很多人眼里，向别人诉说痛苦就等于把痛苦带给别人，于是，他们宁肯把痛苦藏在肚子里也愿把不幸传播给别人。其实，当我们无法承受生命之重时，常常很需要找一个可以信赖的人分担一下。这样做既可以缓解内心的压抑，还会从中找到解决的办法。一个人在承受痛苦时，非常需要别人给予安慰和支持，这不但可以使痛苦减少，还能重新建立信心。

一个佛学大师身边有一个喜欢抱怨的弟子。有一天，他派这个弟子去买盐。回来后，大师吩咐这个不快乐的年轻人抓一把盐放在水中，然后喝了它。大师问："味道如何？"弟子龇牙咧嘴地吐了口唾沫后说："很苦。"大师又吩咐年轻人把剩下的盐放进附近的湖里，然后对他说："再尝尝湖水。"年轻人手捧湖水尝了尝。大师问道："什么味道？"弟子回答说："很新鲜。"大师问："你尝到苦涩了吗？"年轻人回答说："没有。"这时大师笑了笑说："生命中的痛苦就像是盐，不多，也不少。我们生活中遇到的痛苦就这么多。但是，我们体验到的痛苦却取决于将它盛放在多大的容器中。所以当你处于痛苦时，只要学会以一种宽广的胸怀去承担就好了。"

英国哲学家弗兰西斯·培根说："如果把快乐告诉一个朋友，你将得到两个快乐，而如果你把忧愁向一个朋友倾吐，你将被分掉一半忧愁。"有些时候，痛苦和快乐一样，它同样需要与人分担，这样会将痛苦减少。我们应该学会与人分担痛苦，而不是将所有痛苦都一人扛着。遭遇痛苦懂得与人分担，拥有快乐更要懂得与人分享。一个肯把自己的快乐分享给别人的人，当自己痛苦时，别人才愿意与自己分担，这就如同有付出才会有回报一样。

一天，佛祖闲来无事，从地狱的入口往下望去，看见无数生前作恶多端的人正为前世的邪恶饱受地狱之苦，脸上显示出无比痛苦的表情。

此时，一个强盗偶然抬头看到了慈悲的佛祖，马上祈求佛祖救他。佛祖知道这个人生前是一个无恶不作的强盗，他抢劫财物，残杀生灵，唯一可喜的是，有一次，他走路的时候，正要踩到一只小蜘蛛时，突然心生善念，移开了脚步，放过了那只小蜘蛛。佛祖念他有一丝善心，于是，决定用那只小蜘蛛的力量救他脱离苦海。

于是，佛祖垂下去一根蜘蛛丝，强盗发现后，拼命抓住了那根蜘蛛丝，然后用尽全力使劲往上爬。可是其他受煎熬的人看到了这样的机会都蜂拥而上拼命抓住那根蜘蛛丝，也都往上爬。慢慢地蜘蛛丝上的人越来越多，强盗担心蜘蛛丝太细，不能承受那么多人的重量，于是便用刀将自己身下的蜘蛛丝砍断了。结果，蜘蛛丝就在他砍断的那一刹那消失了，所有爬上蜘蛛丝的人重新跌入万劫不复的地狱。实际上，假如强盗能够有一丝怜悯之心，能够与他人分享生存的机会，佛祖就会救他脱离苦海。但是他没有

做到，所以，他也失去了这个机会。

快乐是一种很奇怪的东西，无论与多少人分享，它都不会消失，相反，我们还会变得更加快乐。我们要将自己的快乐与人分享，这样我们才能从中体会到更多的幸福和快乐。反之，如果你是一个独享快乐、不懂分享的人，你不但不会体会到什么才是真正的快乐，也不会有任何人愿意与你分担痛苦。那么，你的生活注定会是孤独的、无助的。

0

完美精进：活成你想要的样子

7

人生是不公平的，习惯去接受它吧。请记住，永远都不要抱怨！

——比尔 · 盖茨

活在不抱怨的生活里

如果不喜欢一件事，就改变那件事；如果无法改变，就改变自己的态度，不要抱怨。这本书给金融危机中挣扎的普罗大众，送上了一份最好的礼物。

很多人在遭遇失败后，总是不停地抱怨，而不是从中吸取教训。这样不但会使他们失去成长的机会，生活也会因此而变得枯燥和充满烦恼。相反，对于那些面对失败保持乐观的人而言，不但不会因此抱怨，还总是能在其中体验到乐趣。

对于一个乐观者而言，面对任何事情他们都不会去抱怨，这也是那些伟大的成功者能取得成功的主要原因之一。

1888年的大选中，美国银行家莫尔当选副总统，在他执政期间声誉卓著。当时，《纽约时报》有一位记者偶然得知这位总统曾经是一名小布匹商人，感到十分奇怪：从一个小布匹商人到副总统，为什么会发展得这么快？带着这些疑问，他访问了莫尔。

莫尔说："我做布匹生意时也很成功，可是，有一天我读了一本书，书中有句话深深地打动了我。这句话是这样写的：'我们在人生的道路上，如果敢于向高难度的工作挑战，便能够突破自己的人生局限。'这句话使我醍醐灌顶，让我不由自主地想起前不久有位朋友邀请我共同接手一家濒临破产的银行的事情。因为金融业秩序混乱，我又是一个外行人，再加上家人的极力反对，我当时便断然拒绝了朋友的邀请。但是，读到这一句话后，我的心里有种燃烧的感觉，犹豫了一下，便决定给朋友打一个电话，就这样，我走入了金融业。经过一番学习和了解，我和朋友一起从艰难中开始，渐渐干得有声有色，度过了经济萧条时期，让银行走上了坦途，并不断壮大。之后，我又向政坛挑战，成为一位副总统，到达了人生的顶峰。"

莫尔取得的成功来自他乐观的心理，面对自己低微的出身，他没有一丝的抱怨；面对自己微弱的资产，他也没有抱怨，他没有因为自己只是个小布匹商人就停下追求成功的步伐，而是选择了更高的目标，对未来不断发起挑战，朝着人生的巅峰不停地前进着。

成功的喜悦只属于那些遇到困难永远不会抱怨的人。快乐的生活永远都是在没有抱怨的情况下产生的。那些只知道抱怨的人，就像被蒙上了双眼一样，看不到眼前的无限风光，这样他们也就永远不懂得去享受生活中的美好，对于这些人而言，他们始终都摆脱不了那些困扰在他们身上的烦恼，焦躁的心情就像魔咒一样一直困扰着他们，幸福和快乐的阳光很难照在这些人的身上，因此，他们注定将生活在阴暗当中。

无论是失去了原有的幸福，还是迟迟不能得到应有的幸福，我们都不要去抱怨，既然事情已经发生了，抱怨不但不会解决问题，还会使事情变得更糟。唯一为自己找回原有的幸福或是赢得未来幸福快乐的方法就是乐观地去面对，理智地看待发生的所有困难，并从中找到解决的办法，从而走出困境，最终获得快乐。

自信不足就获取经验

对生活不抱怨，用积极的态度去面对，自然也会成为快乐的人。两年来，不抱怨活动已经蔚为风潮，在全球80国流行，600多万人参与。你若想改变生活走出低潮，停止抱怨是重新出发的第一步。

很多人一旦失败后，便用抱怨的方式来对自己进行安抚，他们觉得这样做可以使自己的内心平静下来，并会用抱怨来为自己的失败找借口。这些人会觉得，抱怨是他们在遇到困难时最能释放自己压力的好办法，不但可以为自己的失败找到借口，别人也不会因此而对自己的能力产生怀疑。这样的做法是对的吗？在我看来，用抱怨的方式来面对困难会产生极为严重的不良后果。

首先，如果你在遇到困难的时候只是抱怨，那么你就永远不会从中吸取到教训，自己也就始终不能得到成长。其次，表面看来，通过抱怨的方式似乎能为自己的失败找到一些理由，从而使自己不再为此而感到难过。可事实并非如此，这样做就等于自己在欺骗自己，明明事情根本就没能解决，自己却偏要装作已经解决。用逃避的方法避开现实，看上去似乎已经脱离了困难，其实你根本就没能真正的走出困境。

美国作家海伦说："抱怨会使心灵黑暗，爱和愉悦则使人生明朗开阔。"一个总是在抱怨的人，他的内心一定是阴暗的，他们没有面对现实的勇气，即便是一个小小的困难，他们也不能勇于承担。抱怨也会使人们失去责任感，在其身上发生的所有对自己不利的事情，他们都不会积极地承担起责任，甚至还会用一些狡诈的手段来逃避责任。懦弱的心理使这些人变得极为脆弱，一个小小的困难对他们来说都是一次巨大的打击，丧失勇气的他们无法勇敢地面对现实，唯一能做的只是逃避和抱怨。

在很早以前，两个兄弟在茫茫的大海中寻找栖息之地，历经磨难后他们终于找到了一个小岛，可岛上却没有人烟，到处荒草丛生，不时还会有野兽出没。面对恶劣的环境，两兄弟的意见产生了分歧。在哥哥的眼中，小岛充满了生机，他对弟弟这样说：“我已经决定留在这里了，我相信，尽管这里环境恶劣，可我有能力把它开发成一个非常美丽并富裕的岛国。”

弟弟却不是这样想的。他对哥哥说：“你看看！这是什么地方，到处都是荒野，连居住的房子都没有，还经常有野兽出没，难道你想死在这里吗？哎！我只能说上帝在捉弄我，这就是我的命运！”最终弟弟没能留下，他离开了这个小岛去寻找自己心中一直幻想的那个地方了。

在茫茫的大海中漂泊了几天后，弟弟终于找到了一个充满生机的小岛，他非常高兴地来到了这个岛上。他决定要把这里建造成一个非常漂亮的岛屿。可当他开始工作的时候才发现想完成这一目标有多么困难，巨大的石块、炎热的天气，都给他带来了不小的麻烦。最终他放弃了，他没能实现自己的目标。

很快几十年过去了，以前那两个年轻力壮的兄弟已经成了老人。自从那次分开后，兄弟二人就再也没见面。弟弟决定前往那个荒岛去看望哥哥。当他到达这个以前还是一片荒芜的岛屿时，被眼前的一切惊呆了，这里到处都是漂亮的房子、整整齐齐的田地，还有很多活泼的小孩在开心地玩耍。弟弟不相信眼前的这一切是真的，他以为自己走错了地方，正当他在犹豫的时候，一个非常慈祥的老人朝着他走了过来，弟弟一眼就认出来是哥哥。弟弟这才知道，眼前的一切都是哥哥努力打造出来的。看着这里处处繁华的景象，弟弟再次开始抱怨自己的命运，恨哥哥当初为什么不把他留下来，他充满怨气地说："要是当初你劝我留下来，我一定会把这里建造得更好。"弟弟是有机会和哥哥一样过上快乐的生活的，可他在遇到困难时选择了放弃，而面对失败时，他又选择了抱怨。即便是自己不说，哥哥也可以看出，他是生活在痛苦当中的。哥哥原本以为弟弟已经改掉了以前的坏脾气，谁知他还是老样子，总是在抱怨。哥哥没有留下弟弟，因为他觉得如果弟弟不能改掉抱怨这个坏习惯的话，即便把他留下来，他也不会生活得快乐。

当我们遇到困难的时候，与其抱怨自己的处境，倒不如好好分析一下原因，正确地面对现实，把握自己、充实自己。只有这样我们才能真正认识到自己的不足，从而找到弥补的方法，使自己脱离困境，走向成功。

试着用乐观改变环境

不抱怨是一种生活态度，一种看似简单却很有讲究的大智慧，它更是一种精神，大到国家、小到个人都需要这种精神，也匮乏这种精神。

如果你无力与自己所处的环境抗衡，那就要试着让自己适应这个环境。因为环境永远不会来适应你，当我们身处不良的环境时一定要乐观地面对。

生活中，很多人对到一个新的环境充满期待，希望新的环境可以给自己带来快乐，但是在体验到最初的新鲜感觉之后，又开始抱怨新环境，人们习惯性地抱怨眼前的环境和自己想象的有落差。其实，每个环境都不可能完全如你所愿，世界上没有任何一件事情是完美的，如果你现在还能忍受，就不要再去抱怨，而是要学会适应环境，提高自己的调适能力。有的人容易在冲动之下做出决定，一气之下选择离开，可是换个地方还是会有这样那样的问题。应该直面问题，而不是一走了之，学着去适应环境以达到某种平衡，对于每个想在生活中得到快乐的人来说，最应该做的就是乐观地面对不良环境，并从中找到乐趣。

当你到一个新的环境时，能做到以下几点，你就能顺利地适应了。

首先，不抱怨，多包容。毕竟这个世界上没有完美的事情存在，生活也是一样，即使是比之前身处的环境好了，也肯定存在一些令人不满意的问题，只要它不是主要问题，就可以完全忽略它。

其次，怀着乐观的心态做好每一件事情。要清楚自己想要什么，当刚步入一个新环境时，对很多事情一定都不是很了解，在这个时候千万不要盲目地做些事情，要充分地了解后再开始采取行动，这样就会避免很多不必要的麻烦。

再次，学会拒绝。无论在生活还是工作当中，当我们步入一个新环境时总会遇到这样一些人，他们以为自己的经验丰富，或是觉得自己更加熟悉这个环境，便会把一些烦琐的事情交给我们来做，这明摆着就是在欺负新人。

面对这样的事情，我们要学会拒绝，否则别人就会认为你是一个软弱的人。当然，一定要在正确的情况下，否则你就会成为一个骄傲自大的人。最好的方法就是我们以一种平静而认真的神情讲话，客气地拒绝，对方也就没话可说了。为了避免生硬的拒绝，你可以提出一个相反的建议，但要符合情理。

最后，我们还要学会谦虚地向别人学习，但不必为了得到他们的认同而去套近乎。如果你表现得过于主动，身边的人就会产生你是在溜须拍马的想法，从而使大家对你产生反感，同时也就会丧失与其他人沟通的机会。

人的一生中不可能一直处于单一环境中，紧张的生活和工作里，人们总是会更换环境，这是任何人都必须面对的现实。为了克服陌生环境给我们带来的不便，我们一定要学会去适应、去融入，任何时候都不要抱怨，这样才能使生活快乐起来。

当面对一个陌生环境的时候，我们首先要做的就是调整自己的心理，提醒自己，一定要尽自己最大的努力，主动地去适应并融入这个环境。人生到处充满挑战，那些让我们感到熟悉和温馨的环境都已经是以前的事了，我们不可能一直停留在那里；除非你不想取得发展，想要取得成功，想要过上幸福快乐的生活就必须积极迎接新的挑战。再者说，哪一个熟悉的环境不是从陌生开始的呢，在我们刚一出生的时候，这个世界对于我们而言也都是陌生的，可我们没有逃避的权利，只能慢慢地去适应，去接受，去挑战。而当我们慢慢地熟悉了这一切以后，就会发觉，到处都会充满精彩。

接纳你的不习惯

每个人都面临着挫折和失败的可能，
这是我们每个人人生经历的一部分。

一个伟大的成功者可以坦然地面对一切，面对任何事情他们永远都不会有一丝抱怨，当失败和痛苦到来时，他们勇敢地面对，积极地解决，而不是抱怨。世界上有多少平凡的人凭借着一颗永不抱怨的心书写了辉煌的人生，甚至创造了人生的奇迹。

人生就是这样，到处都充满了坎坷，谁都避免不了遇到麻烦和困难，如果一味抱怨的话，不但事情得不到解决，人生也会因此而失去快乐。曾有一位伟大的哲学家这样说道：“迷路时抱怨的一百句话，顶不上问路的一句话。”与其不停地抱怨，还不如把时间和精力放在思考和解决问题上面，这才是遇到困难时应该要做的事情。同是一件事情，抱怨会将其变得非常糟糕，相反，如果你能杜绝抱怨的话，即使是一件糟糕的事情处理起来也会变得比较轻松。当我们遭遇困境时千万不要让抱怨毁掉我们继续奋斗的勇气和精神，掌握自己的命运，抓住希望永不放弃，相信最终我们获得的一定是幸福和快乐。

要有被别人讨厌的勇气

人生不可能一帆风顺，有成功，也有失败;有开心，也有失落。如果我们把生活中的这些起起落落看得太重，那么我们的生活永远都不会坦然，永远都没有欢笑。人生应该有所追求，但暂时得不到并不会阻碍日常生活的幸福，因此，拥有一颗平常心，是人生必不可少的润滑剂。

很多人之所以在遇到困难时不停地抱怨，原因就是他们不能保持一颗平常心，总是把事情想得过于极端，对于这些人而言即便是人生中一次小小的失败，他们也会将此视为致命的打击。恐惧失败会危害到自己，担心失败会影响到自己的未来，这促使他们一旦遇到困难就会抱怨。当一个人用平常心去面对发生在身边的所有事情时，抱怨自然就会离他而去，因为这些拥有平常心的人不会过于计较成败。成功自然是一件好事，对于一个具有平常心的人，他永远不会被成功的喜悦冲昏了头脑；失败虽是一件痛苦的事，可对于一个具有平常心的人，他也不会被失败带来的痛苦打倒。因为有了平常心，人们变得从容了，因为有了平常心，人们变得和蔼了，因为有了平常心，人们把一切事情都看淡了，无论面对成功还是失败，他们既不会骄傲，也不会抱怨。

所谓的平常心也就是一种平和的心态，在如今这个竞争激烈的市场当中，人们为了使自己生活得更好，避免不了与他人进行竞争，有了竞争自然也就会有成败。在面对这些时，人们需要有一个平和的心态，无论成败，都要用一颗平常心去面对，这不但有利于事业的发展，对身体健康也会有很大的帮助。凡事都喜欢斤斤计较、过于注重得失的人内心很难会得到安宁，他们在很多时候都处于烦躁当中，这样的心理必将会影响到一个人的身体健康。成功了不要骄傲，失败了不要气馁，看到别人享受荣华富贵不羡慕，看到人家有万贯家财不嫉妒，遇事保持一个平和的心态，你的生活一定会充满快乐。

欧玛尔是英国史上唯一留名至今的剑手。他有一个与他势均力敌的对手，两人已经争斗将近30年了，可始终都没能分出胜负。这一天两人又相遇了，毫无疑问这是一场非常激烈的战斗，在争斗中敌手突然从马上摔了下去，欧玛尔觉得机会来了，他一下跳到了对手的身上，手持宝剑，就在他要向敌手发起攻击的时候，对手做的一件事让他停止了战斗——对手向他的脸上吐了一口唾沫。欧玛尔对对手说："咱们明天再决斗。"对手为此感到非常不解。

欧玛尔说："30年来我一直在修炼自己，让自己不带一点儿怒气去作战，所以我才能常胜不败。刚才你吐我的瞬间我动怒了，这时杀你，我就再也尝不到胜利的感觉了。所以，我们明天再继续决斗。"

这场决斗永远不会开始了，因为欧玛尔已经成了那个对手的老师，他也想像欧玛尔一样不带一点儿怒气去战斗。

在很多时候只有怀着一颗平常心去做事，才能体验到成功的喜悦，才会在生活中体会到真正的乐趣。

你的宽容终会被温柔以待

宽容别人，其实就是宽容我们自己。多一点对别人的宽容，我们生命中就多了一点空间。有朋友的人生路上，才会有关爱和扶持，才不会有寂寞和孤独；有朋友的生活，才会少一点风雨，多一点温暖和阳光。其实，宽容永远都是一片晴天。

宽容不但可以使人们原谅别人对自己的过失，也会让那些对生活感到不满的人停止抱怨。法国著名作家雨果说："最高的报复就是宽容。宽容就像清凉的甘露，浇灌了干涸的心灵；宽容就像温暖的壁炉，温暖了冰冷麻木的心；宽容就像不熄的火把，点燃了将要熄灭的火种；宽容就像一只魔笛，把沉睡在黑暗中的人们叫醒。""宽容是互赠的礼品。”当我们原谅别人的同时也会得到别人对自己的原谅，一个懂得宽容的人不会对任何人产生怨恨或是报复的心理，即便有人对他们做了很过分的事情，他们也会用一颗包容的心去感化对方，让对方认识到自己的错误并改正。一个懂得宽容的人的世界里永远不存在抱怨，无论对别人还是对自己的过失他们都会坦然地面对，在遇到困难的时候他们会选择用克服和原谅的方式去解决问题，而不是一味地抱怨。

在很多人眼里宽容是一种懦弱的行为，是没有能力反击才“坐以待毙”的，甚至还有很多人认为宽容和愚蠢没什么两样，既然别人已经惹到了自己，那就应该去反击他，去打败他。这样的想法是完全不对的，在我看来那些懂得宽容的人是世界上最聪明、最伟大的人。聪明是因为他们在处理事情的时候，从来不会与别人发生争执，而是用自己的品格去感化对方，让对方认识到错误，这样不但可以在没有争斗的情况下将冲突化解，还可以得到更多人的尊重。伟大是因为即使他们没有感化对方，甚至还为自己惹来了一些麻烦，可他们却可以乐观地面对、包容别人对自己的过失。宽容是什么？宽容是一种无私的爱，是一座友谊的桥梁，是打造和谐最好的方法。宽容使人们变得更加美丽，宽容使人们更加幸福，宽容使人们的生活更加快乐。雨果说：“世界上最宽阔的东西是海洋，比海洋还要宽阔的是天空，比天空更加宽阔的是人的胸怀。”

宽广的胸怀可以包容一切，即使是常人感觉非常难过的事，一个具有宽广胸怀的人在包容的同时也会从中体会到快乐，并有所收获。

用宽广的胸怀去包容对方，是化解矛盾最有效的方法。一位哲学家曾这样说道：“用宽容来忍让痛苦，注定将换来甜蜜的结果。”其实，宽容也是一种付出，而且是一种更为伟大的付出，那么，付出自然就会得到回报，和物质相比精神上的回报将会给人们带来更多、更大的收益。

在很多时候人们常常会因为对一件事不同的看法而发生争执，如果对方互不相让，无法宽容对方，都想占据上风，结果往往会造成僵持，甚至会两败俱伤，搞得双方都不快乐。工作需要谦让，生活同样需要相互包容，快乐是在和谐的条件下产生的，快乐的生活需要我们相互包容和理解。

你要控制自己的情绪，否则你的情绪便控制了你。

[大仲马]

学会控制自己的情绪是成熟的一个最重要的标志。

[柏拉图]

能控制自己情绪的人，比拿下城池的将军更伟大。

[拿破仑]

世界如一面镜子：皱眉视之，它也皱眉看你；笑着对它，它也笑着看你。

[塞缪尔]